全世界孩子最喜爱的大师趣味科学丛书⑥

ENTERTAINING ASTRONOMY

〔俄〕雅科夫·伊西达洛维奇·别莱利曼◎著　　项　丽◎译

U0225651

中国妇女出版社

图书在版编目（CIP）数据

趣味天文学 /（俄罗斯）别莱利曼著；项丽译. —
北京：中国妇女出版社，2015.1（2022.7重印）
（全世界孩子最喜爱的大师趣味科学丛书）
ISBN 978-7-5127-0949-2

Ⅰ.①趣⋯　Ⅱ.①别⋯　②项⋯　Ⅲ.①天文学—青少
年读物　Ⅳ.①P1-49

中国版本图书馆CIP数据核字（2014）第240995号

趣味天文学

作　者：	〔俄〕雅科夫·伊西达洛维奇·别莱利曼　著　项丽　译
责任编辑：	肖玲玲
封面设计：	尚世视觉
责任印制：	王卫东
出版发行：	中国妇女出版社
地　　址：	北京市东城区史家胡同甲24号　　邮政编码：100010
电　　话：	（010）65133160（发行部）　　65133161（邮购）
法律顾问：	北京市道可特律师事务所
经　　销：	各地新华书店
印　　刷：	北京中科印刷有限公司
开　　本：	170×235　1/16
印　　张：	14.75
字　　数：	164千字
版　　次：	2015年1月第1版
印　　次：	2022年7月第35次
书　　号：	ISBN 978-7-5127-0949-2
定　　价：	28.00元

版权所有·侵权必究　（如有印装错误，请与发行部联系）

编者的话

　　"全世界孩子最喜欢的大师趣味科学"丛书是一套适合青少年科学学习的优秀读物。丛书包括科普大师别莱利曼的6部经典作品，分别是：《趣味物理学》《趣味物理学（续篇）》《趣味力学》《趣味几何学》《趣味代数学》《趣味天文学》。别莱利曼通过巧妙的分析，将高深的科学原理变得简单易懂，让艰涩的科学习题变得妙趣横生，让牛顿、伽利略等科学巨匠不再遥不可及。另外，本丛书对于经典科幻小说的趣味分析，相信一定会让小读者们大吃一惊！

　　由于写作年代的限制，本丛书还存在一定的局限性。比如，作者写作此书时，科学研究远没有现在严谨，书中存在质量、重量、重力混用的现象；有些地方使用了旧制单位；有些地方用质量单位表示力的大小，等等。而且，随着科学的发展，书中的很多数据，比如，某些最大功率、速度等已有很大的改变。编辑本丛书时，我们在保持原汁原味的基础上，进行了必要的处理。此外，我们还增加了一些人文、历史知识，希望小读者们在阅读时有更大的收获。

　　在编写的过程中，我们尽了最大的努力，但难免有疏漏，还请读者提出宝贵的意见和建议，以帮助我们完善和改进。

目 录

Chapter 1　地球及其运动 → 1

Chapter 2　月球及其运动 → 61

Chapter 3 行 星 → 109

Chapter 4 恒 星 → 143

Chapter 5　万有引力 → 187

Chapter 1
地球及其运动

不可思议的最短航线

在一次小学数学课上，老师在黑板上用粉笔标出了两个点，并对一位学生说："请你在这两个点之间画出最短的路线。"说着，他把粉笔给了学生。只见学生拿过粉笔，想了一会儿后，用一条曲线把那两个点连了起来。

老师感到很生气，便说道："我们说过，在两点之间，直线是最短的！你刚才为什么画了一条曲线呢？"

"我爸爸教我的，"那个学生答道，"他是开公共汽车的，每天都开呢！"

你是否也跟这位老师的想法一样？如图1所示，很多读者朋友都知

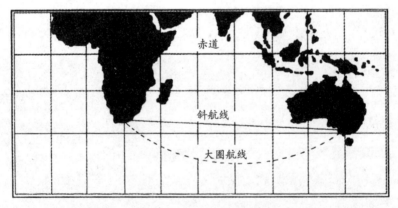

图1 在航海图上，南非的好望角与澳大利亚南端之间的最短路线
竟然是曲线（大圈航线），而不是直线（斜航线）。

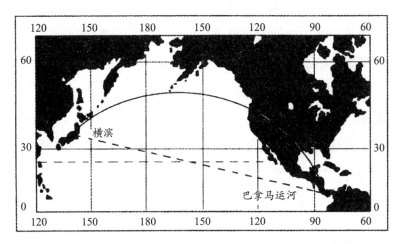

图2　在航海图上，连接日本横滨与巴拿马运河的曲线航线，
竟然要比这两点之间的直线航线要短。

道，图中的曲线正好是南非的好望角跟澳大利亚最南端之间的最短路线，所以，我们没有理由嘲笑那位学生。实际上，我们还可以看到更加不可思议的事情。图2中表示的是从日本横滨到巴拿马运河的两条路线。相比而言，那条半圆形的路线要比直线短多了。

　　你可能觉得我在开玩笑。其实不然。前面提到的这些都通过地图测绘员的测绘得到了证实。

　　那么，该如何解释这个问题呢？这时，我们不得不提到地图，特别是航海图。我们先看一下地图的基本知识。地球是球体，从严格意义上说，它的任何一部分都不可能完全展开成一个中间不重叠、不破裂的平面。所以，要想在一张纸上真实地画出某块陆地是不可能的事情。人们在绘制地图时，也就不可避免地会进行一些歪曲，从某种意义上说，要想找到一张没有任何歪曲的地图是不可能的。

　　下面，我们再来说一下航海家经常用到的航海图，提到它，就不

得不提一下16世纪的荷兰地理学家墨卡托，正是他发明了绘制方法。我们通常把这种方法称为"墨卡托投影法"，如图2所示。这种地图带有格子，人们很容易看懂，上面的所有经线都是用平行的直线来表示，所有的纬线都是用与经线垂直的直线来表示。

那么，我们提出这样一个问题：如何在同一纬度上找出两个海港间最短的航线呢？你可能会说：只要知道最短航线的位置以及它所在的方向就行。那么，接下来你可能就会很自然地想到，最短航线一定在两个海港所处的纬线上，因为地图上的纬线都是用直线来表示的，所以我们可以用"两点之间直线最短"的原理来解答。但是，很遗憾地告诉你，答错了，你刚才找出的这条航线并不是最短的。

下面，我们就来分析一下。在一个球面上，两点之间的最短路线并不是它们的直线连线，而是经过这两个点的一条大圆（在球面上，圆心与球心重合的圆称为大圆）弧线。这条大圆弧线的曲率小于这两个点之间任何一条小圆弧线的曲率，并且，球的半径越大，大圆弧线的曲率就越小。所以，看似直线的纬线，实际上都是一个个小圆。也就是说，最短的路线并不是在纬线上。我们可以通过实验证明。拿一个地球仪，在上面任选两点，用一条细线沿着地球仪的表面把这两点连起来，然后，拉紧这条细线，你会发现，这条细线与纬线根本不在同一条直线上，如 图3 所示。从图中可

图3　通过图示的实验可以证明，最短的航线并不在纬线上。

以看出，在这两点之间，拉紧的细线才是最短的航线，与地球上的纬线根本不重合。也就是说，在航海图上，两点之间的最短距离并不是一条直线。这是因为纬线都是曲线，而在地图上我们通常用直线来表示。反之，在地图上，任何一条与直线不重合的线都是曲线。

由此可知，在航海图上，为什么最短航线是曲线而不是直线了。

再说一个例子，很多年以前，俄国出现过一场较大的争议。当时人们想在圣彼得堡和莫斯科之间修一条铁路（即十月铁路，又叫尼古拉铁路），但关于这条铁路是直线还是曲线的问题引起了争论。最后，还是沙皇尼古拉一世出面，作出了这样的结论：这条铁路是一条直线而不是曲线。我们可以想一下，如果当时尼古拉一世使用了图2所示的地图，他可能就不会得出上面的结论了，他会发现：这条铁路是一条曲线，而不是直线。

此外，我们还可以通过下面的方法进行计算，可以进行更严格的论证。

在地图上，曲线航线比直线航线要短。我们不妨假设存在这样的两个港口，它们之间的距离是60°，而且，它们都跟圣彼得堡一样，在北纬60°上。至于这两个港口是否真的存在，我们这里不作讨论。如 图4 所示，地心为点O，

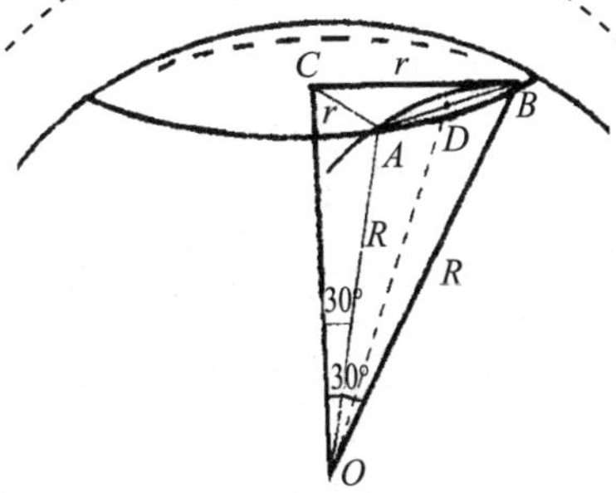

图4　比较一下图中所示地球上A、B两点之间纬圈弧线和大圆弧线，哪一条更长？

A、B分别表示这两个港口，弧线AB位于纬线圈上，它的弧长是60°，点C为AB所在的纬线圈的圆心。我们以地心O为圆心，经过点A和B画一条大圆弧线，显然，半径$OB=OA=R$；可以看出，这条大圆弧线跟纬线圈上的弧线非常接近，但它们并不重合。我们还可以计算出每条弧线的长度。根据题意，点A和点B都处于北纬60°上，所以，半径OA和OB跟地轴OC的夹角都是30°。但是，我们知道，在直角三角形ACO中，30°夹角所对应的边AC（它等于纬线圈的半径），应该等于直角三角形的弦AO的$\frac{1}{2}$，也就是$r=\frac{R}{2}$。而纬线圈上的弧线AB（60°）的长度为纬线圈总长度（360°）的$\frac{1}{6}$。由于纬线圈的半径r为大圆半径R的$\frac{1}{2}$，所以纬线圈的长度也是大圆长度的$\frac{1}{2}$。大圆的长度是40000千米，所以，纬线圈上的弧线AB的长度就是$\frac{1}{6}\times\frac{40000}{2}\approx3333$千米。

另外，我们还可以计算出经过点A和点B的大圆弧线长度，也就是这两个港口之间的最短路线。这时，我们需要先计算出∠AOB的大小。小圆上60°弧所对应的弦AB正好是它的内接正六角形的一条边，所以，我们有$AB=r=\frac{R}{2}$。连接点O与弦AB的中点D，得到直线OD，这样便有了一个直角三角形ODA，其中，∠D为90°，又：

$$DA=\frac{1}{2}AB$$
$$OA=R$$

所以有：

$$\sin AOD = \frac{DA}{OA} = \frac{R}{4} : R = \frac{1}{4}$$

由三角函数表得：

$$\angle AOD = 14°28'5''$$

所以：

$$\angle AOB = 28°57'$$

计算出这些数据后，我们就很容易得出最短路线的长度了。对地球来说，大圆1分的长度大约等于1海里，即1.85千米，于是有：$28°57' = 1737' \approx 3213$ 千米。

综上所述，在航海图上，沿纬线圈的直线航线是3333千米，而大圆上的航线（地图上是曲线）是3213千米，也就是说，后者比前者少了差不多120千米。

如果你想检验一下图中所画的曲线是不是大圆弧线，方法也很简单，只用一个地球仪和一条细线就可以了。在图1中，在非洲好望角和澳大利亚之间，它们的直线航线为6020海里，但曲线航线仅有5450海里，二者相差了570海里，即1050千米。从地图上，我们可以很容易看到，在上海和伦敦之间，如果画一条直线航空线，一定会穿过里海，但是，它们之间的最短航线却是经过圣彼得堡再往北这一条。通过分析可以看出，在航行中，如果不事先弄清航线问题，可能会浪费很多燃料和时间。

在当代，节省燃料和时间具有非常重要的意义。现在毕竟不是那个依靠帆船航海的时代了，时间对于我们每个人来说都是非常宝贵

的。轮船出现后，时间就变成了金钱，航线缩短，就意味着使用的燃料减少，自然所需要的费用也就少了。所以，航海家们现在使用的不是墨卡托地图，而是一种叫作"心射"的投影地图，这种航海图用直线来表示大圆弧线，通过它，可以保证轮船始终沿着最短的航线前进。

那么，对于以前的航海家们来说，他们是否知道前面所说的知识呢？答案是肯定的，那他们为什么在航海的时候还是使用墨卡托地图却不走最短的航线呢？其实，这就如同硬币有两面一样，虽然墨卡托地图有这样那样的缺陷，但在一些特定的条件下，它却可以给航海家们带来很大的帮助。

（1）除了距离赤道很远的地方，墨卡托地图所表示的小块陆地区域的轮廓大体是准确的。在那些距离赤道越远的地方，地图上表示出来的陆地轮廓比实际要大，并且，纬度越高，陆地轮廓被拉伸得越厉害。对于外行人来说，可能不理解这种航海图。例如，在墨卡托地图上，格陵兰岛的大小看起来跟非洲大陆差不多，而阿拉斯加看上去比澳大利亚大多了。但实际上，格陵兰岛的面积只有非洲的 $\frac{1}{15}$，而阿拉斯加和格陵兰岛的面积相加，也只有澳大利亚面积的一半。不过，对于那些熟知墨卡托地图特点的航海家们来说，这种地图上表示出来的大小并不是问题，他们能对这些小缺陷持包容态度，因为在很小的区域内，航海图上所表示的陆地轮廓跟实际上相差不大，如图5所示。

（2）在航海中，使用墨卡托地图可以带来很大的方便，因为它是唯一用直线表示轮船定向航行航线的一种地图。"定向航行"指的是轮船航行的方向、方向角保持不变。也就是说，在航行时，轮船的

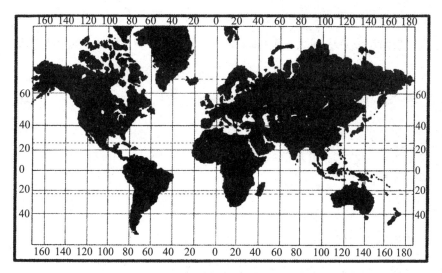

图5 全球航海图,又叫墨卡托地图。在这种地图上,高纬度地区陆地轮廓被拉伸了,比如,格陵兰岛比非洲的面积还要大。

航线跟所有经线相交的角度始终相等。这些航线又被称为"斜航线"（缠绕在地球上的螺旋状曲线才是斜航线）,只有在这种用平行直线表示经线的地图上,才可以用直线表示航线。我们知道,地球上的所有纬线圈与经线圈都垂直,即它们的夹角为直角,所以,在墨卡托地图上,经线都垂直于纬线。简单来说,看上去全是经纬线绘成的方格网,这也正是墨卡托地图的特点。

由此可以看出,航海家们非常喜欢使用墨卡托地图是有原因的。如果一名船长想要到某个海港去,他可以这么做:首先用尺子在出发地和目的地之间简单画一条直线,然后,测量出这条直线跟经线的夹角,由此确定出航行的方向。在浩瀚无垠的大海上,船长只需要保证轮船始终朝着这个方向前进,就一定可以准确到达他想要去的那个海港。从这里可以看出,这条斜航线虽然不是最短、最经济的,但对于

船长和船员们来说，却是最方便的。再举个例子，如果我们想从南非的好望角出发，去澳大利亚的最南端，如图1所示，那么，我们只需要保证轮船一直朝着南偏东87° 50′的方向前进就行了。但是，如果我们想沿着最短的航线走，就必须不停地改变航行的方向，首先沿着南偏东42° 50′的方向，在到达了某个地方后，再改为偏东39° 50′的方向。实际上，这条最短航线根本不存在，如果这么航行，到达的就是南极了。

有意思的是，斜航线和大圆航线在某些地方可能会重合，当我们沿着赤道或者经线航行时就是这样。这是因为，在墨卡托航海图上，这些地方的大圆航线也正好是用直线表示的。不过，除此之外，其他任何地方的斜航线与大圆航线都不一样。

经度长还是纬度长

【题目】关于经纬线的有关知识，相信大家并不陌生，课堂上都学过。但是，对于下面这个问题，大家却不一定都能答得出来：

1度纬度总是比1度经度长吗？

【解答】很多人看了这个问题后，都会给出肯定的答案。在他们看来，这是很显然的，因为任何一个纬线圈都比经线圈小，而经度和纬度又是根据纬线圈和经线圈的长度计算出来的，所以，1度纬度总是比1度经度长。对于上面的解释，似乎是非常合理的。但是，我们不应该忽略这样一个事实：我们所生活的地球并不是一个非常标准的正圆形球体，从某种意义上说，它是一个椭圆体，而且，越到赤道附近，弧度越突出。所以，对于这样一个特殊的球体来说，赤道的长度比经线圈的长度要长一些，有时候甚至在赤道附近的纬线圈也比经线圈大。我们可以通过计算得出，从赤道到纬度5°，纬线圈上的1度（即经度）比经线圈上的1度（即纬度）要长一些。

阿蒙森的飞机在往哪个方向飞

挪威的南北极探险家罗阿尔德·阿蒙森（1872～1928年），曾于1926年5月跟同伴乘坐"挪威"号飞艇进行过一次飞行，他们先是从孔格斯湾起飞，然后飞越北极点，最后到达位于美国阿拉斯加的巴罗角，这段行程一共花了72小时。

【题目】阿蒙森跟同伴从北极返回时，他们是往哪个方向飞的？当他们从南极返回时，又是往哪个方向飞的？

在不查阅资料的情况下，你能答得出来吗？

【解答】北极位于地球的最北端。在这个点上，不管你向哪边走，都是朝着南方走。所以，当阿蒙森他们往回飞的时候，当然是朝着南方了，而且是唯一的方向。在阿蒙森当时的日记中，有下面这样的片段：

"我们驾驶着'挪威'号飞艇在北极的上空绕了一圈，然后继续我们的行程……飞离北极时，我们始终朝着南方飞行，直到我们降落到罗马城为止。"

同样的道理，当阿蒙森他们从南极返回时，他们是朝着北方飞行的。

作家普鲁特果夫曾经写过一篇滑稽小说，是关于一个人误入"最东边国家"的，其中有一段描写是这样的：

"不管是前边、左边还是右边都是朝东的，那西方去哪了呢？你可能以为，总有一天，会看到西方的，就像在浓雾中迷了路，总会看到远处那个晃动的点……但是，这是完全错误的！实际上，就连后边也一样，同样是朝东的！总之，在这个国家，除了东边之外，根本不存在其他的方向。"

实际上，在地球上不存在前边、后边、左边、右边都是朝东的国家，却存在这样的地方：它周围都是南方或北方。如果在北极建一栋房子，那么，对于这栋房子来说，它的四面都朝向南方。如果在南极，情况刚好相反。

常用的5种计时法

在我们的日常生活中，钟表是司空见惯的东西，但是，不知你想过没有，钟表所指示的时间到底意味着什么呢？或者，当人们说"现在是晚上7点"时，到底想表达什么呢？

你可能会说，在那个时候，钟表的时针正好指着"7"这个数字。那么，我再问你，这个数字"7"又表示什么意思呢？你可能说，这表示正午过后，又过去了一个昼夜的 $\frac{7}{24}$。但是，这一昼夜是怎样的一昼夜？一昼夜到底是什么意思？

事实上，我们经常看到"过去了一个昼夜"的表述，在这个描述中，"一个昼夜"指的是地球绕地轴自转一周所花的时间。那么，该如何测量呢？我们可以找到观察者正上方天空中的一点（也就是天顶）和地平线正南方的一点，并把这两个点连起来作为准线，然后，测量太阳的中心两次经过这条准线的时间间隔，这段时间就是一个昼夜。当然，由于其他因素的影响，这个时间间隔可能并不固定，但是差别并不大。所以，我们没有必要严格要求时钟、手表等跟太阳的运行完全对应，何况对于人们来说，这是根本不可能的事情。一个多世纪以前，巴黎的钟表匠们就曾经昭示人们："关于时间，我们一定不

13

要相信太阳，它是个骗子。"

这就出现了一个问题：如果我们真的不相信太阳，那应该用什么标准来校正我们的钟表呢？实际上，这里说的"太阳是个骗子"只是一种夸张的说法，是告诉我们不要将实际的太阳作为参考，而要利用太阳模型来作为校正标准。对于这个模型来说，它不能发光，也不会发热，我们只是以它为标准来计算时间。而且，我们假设它的运行速度是恒定不变的，但在绕地球运行一周的时间上，与真实的太阳是一样的。在天文学中，一般把这个模型称为"平均太阳"。当"平均太阳"经过准线时，我们把那个时刻称为"平均中午"，把两个"平均中午"之间的时间间隔称为"平均太阳日"。同样的道理，利用这个模型推算出的时间，我们都称为"平均太阳时间"。可以看出，"平均太阳时间"跟真正意义上的太阳时间是不一样的，但可以拿来作为校正钟表的标准。如果你想知道某个地方真正的太阳时间，有一个办法，就是用日晷测定。跟钟表不同的是，日晷利用针影作为指针。

可能有人会因此认为，经过准线的太阳时间间隔肯定会有差异，这是因为，地球绕轴自转的时候，速度是变化的，但这种说法是错误的。实际上，这个差异跟地球的自转没有任何关系，而是由地球绕太阳公转的速度不均匀引起的。如 **图6** 所

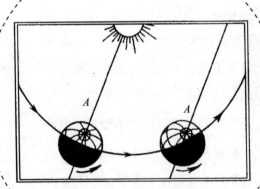

图6　太阳日比恒星日长。

示，这里标记出了地球在公转轨道上连续运行时的两个点，在地球的右下方，有一个箭头，它表示地球自转的方向，如果从北极点上看，地球的自转方向为逆时针。对于左边地球上的点A来说，这时候正好面对太阳，说明时间是正午12时。我们知道，地球在自转的同时仍然围绕太阳公转，那么，当它自转完一周时，它在公转轨道上的位置应该到达轨道中偏右的某个点上，也就是图中右边的地球表示的那样。可以看出，这时，点A处的地球半径的方向没有变化，而且，由于在公转轨道上位置发生了变化，点A不再正对着太阳，而是偏向了左边。换句话说，对于点A，这时不是正午，过几分钟，等太阳越过点A处的地球半径，点A那个地方才到正午。

从图6可以看出，实际上，一个真正太阳日的时间比地球自转一周的时间要稍微长一些。我们假设地球的公转是匀速的，并且，公转轨道是以太阳为圆心的一个圆，那么，"真正的太阳日"跟地球自转一周的时间差就是固定的，我们可以很容易就计算出来。而且，这个固定不变的、细微的时间差乘以一年的天数（365），就正好是一个昼夜。换句话说，地球围绕太阳公转一年所需要的时间，比其围绕地轴自转一年的时间正好多一天，而一天刚好是地球自转一周的时间。这样，我们就可以计算出，地球自转一周所花的时间为：

$$365\frac{1}{4}昼夜 \div 366\frac{1}{4} = 23\,小时4分4秒$$

实际上，这里计算出的一个昼夜时间，也正好是地球以任何其他恒星为基准自转一周所花的时间，所以，我们还通常把这样的一昼夜称为一个"恒星日"。

可以看出，跟一个太阳日相比，一个恒星日要短3分56秒，通常把

这个数值四舍五入，也就是4分钟。这里，我们需要注意，由于其他一些因素的影响，这个时间差也并不是永远不变的，比如说：（1）地球围绕太阳公转时，并不是匀速的，而且，公转的轨道是椭圆形的，并非正圆形。所以，在距离太阳近的地方，它的速度快一些；在距离太阳远的地方，速度慢一些。（2）地球自转的轴跟公转轨道平面并不是完全垂直的，而是有一个夹角。所以，真正的太阳时间跟平均太阳时间也不一样，在一年之中，只在4月15日、6月14日、9月1日和12月24日这4天，这两个时间才是相等的。

我们还可以得出，在2月11日和11月2日这两天中，两个时间的差异最大，大概是15分钟。如图7所示，图中的曲线表示一年之中每天的真正太阳时间跟平均太阳时间的差异。

在天文学上，通常把这个图称为时间方程图，主要用它表示平均太阳中午和真正太阳中午之间的时间差。比如在4月1日这一天，在准

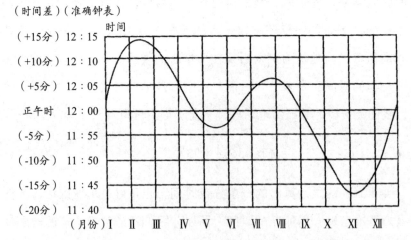

图7 时间方程图。图中的曲线表示真正太阳日的中午在平均太阳时间是几点几分，如4月1日的真正中午在准确的钟表上应指到12点5分。

确的钟表上，真正的中午应该是12点5分，换句话说，图中的曲线只是表示了真正太阳中午的平均时间。

大家一定听说过"伦敦时间""北京时间"的表述，之所以会有这样的表述，是因为随着地球经度的不同，在各经度上的平均太阳时间也不一样。具体地说，在每个城市，都有它的"地方时间"。经过火车站的时候，我们也会注意到"城市时间"和"火车站的时间"不同，这是因为"城市时间"是这个城市钟表所显示的时间，它的标准是当地的平均太阳时间；而全国"火车站的时间"是统一的，一般以该国首都或某个重要城市的时间来确定，因为火车都要根据这个时间出发或者到达。比如说，俄国的火车站所使用的时间表以圣彼得堡的平均太阳时间为依据。

由于不同经度时间不同，我们通常把地球平均划分为24个相等的时区，在同一个时区中，各地均采用这个时区的时间，也就是这个地区中间经线所对应的平均太阳时间。所以，地球上只有24个互不相同的时间，并不是说，每个地方都以自己的地方时间为基准。

前面，我们一共讨论了三种计时类型，即真正太阳时间、当地的平均太阳时间和时区时间。除了这几种外，天文学家还经常采用另一种时间类型——恒星时间。它是通过恒星日计算出来的一种时间。就像我们在前面讨论的那样，跟平均太阳时间相比，恒星时间也大概短4分钟，并且，在每年的3月22日，二者相互重合。但是，从重合的第二天开始，每天的恒星时间就会比平均太阳时间要早4分钟。

还有第五种计时类型，我们称为"法令规定时间"，跟时区时间相比，它往往提前1个小时，这是为了调整每年白天较长季节的作息时间，通常是从春天到秋天，这样可以促使人们减少燃料使用量和用电

量。在很多西欧国家，通常只在春季使用这一时间，具体地说，就是把春季开始时的半夜一点拨快一个小时到两点，到了秋季，再把钟表往回拨一个小时，这样就恢复成原来的时间了。在俄国，全年都会调整钟表的时间，也是为了减小发电厂的用电负荷。

说到这里，还有一个小插曲：俄国是从1917年开始使用法令规定时间的，并且一度曾把时间提前好几个小时。中间有几年一度中断过，后来，从1930年春天开始，政府又重新规定，继续使用法令规定时间，并把地区时间统一提前了一个小时。

白昼有多长

通过查阅天文年历表，我们可以计算出，任何地方在一年中任意日期精确的白昼时长。但在日常生活中，我们不需要这么精确的数值，近似值就可以了。如图8所示，这里的数据就足够我们使用了。在图中，左边的数字表示当天白昼的

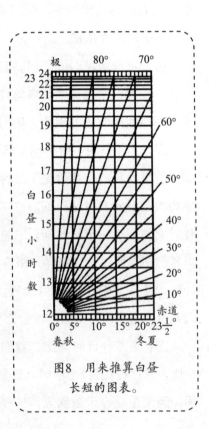

图8　用来推算白昼长短的图表。

小时数；下面的刻度表示太阳和天球赤道的角距，一般称作太阳"赤纬"，通常表示为度数；斜线则表示观测点的纬度。

为方便查阅，我们在右表中列出了一年中某些特殊日期的"赤纬"，供大家参考。

下面，我们来看两道练习题。

【题目】①对于处于北纬60°的圣彼得堡来说，四月中旬的昼长时间是多少？

【解答】通过查阅上表，我们知道，在四月中旬的时候，太阳赤纬是＋10°。在图8中，沿下面的10°这一点作底边的垂直线，这条垂线将与纬度为60°的斜线相交

太阳赤纬	日期
$-23\frac{1}{2}°$	12月22日
$-20°$	1月21日，11月22日
$-15°$	2月8日，11月3日
$-10°$	2月23日，10月20日
$-5°$	3月8日，10月6日
$0°$	3月21日，9月23日
$+5°$	4月4日，9月10日
$+10°$	4月16日，8月28日
$+15°$	5月1日，8月12日
$+20°$	5月21日，7月24日
$+23\frac{1}{2}°$	6月22日

注：表中的"＋"表示在天球赤道的北面，"－"表示在天球赤道的南面。

于一点；从这个交点横对过去所对应的左侧数字为$14\frac{1}{2}$，即所求的昼长时间约为14小时30分。需要注意的是，这个值为近似值，因为在上面的图表中，我们没有考虑大气折射的影响（具体可参见图15）。

【题目】②对于处于北纬46°的阿斯特拉罕来说，11月10日的昼长时间又是多少？

【解答】同样的道理，只不过在11月10日这一天，太阳

位于天球的南半球，太阳赤纬是–17°，查表可得，这个数字正好也是 $14\frac{1}{2}$ 小时。但这个数字并不是昼长时间，而是夜长时间，因为这里的赤纬是负数，所以，所求的昼长时间应该是 $24-14\frac{1}{2}=9\frac{1}{2}$ 小时，也就是9小时30分。

此外，通过这一数值，我们还可以计算出日出的时间，方法是：先把上面的9小时30分减半，也就是4小时45分，通过图7，我们知道，在11月10日这一天，真正的中午应该是11时43分，所以，这一天的日出时间就是：

11时43分–4时45分＝6时58分

同样的道理，这一天的日落时间就是：

11时43分＋4时45分＝16时28分

也就是下午的4时28分。

可以看出，有时候，我们完全可以用图7和图8来代替某些天文年历表格。

当然，按照前面介绍的方法，不仅可以计算昼夜的长短，还可以计算出你居住地全年的日出日落时间，以及昼夜的时长。如图9所示的纬度50°处的图表。不过，有一点需要注意，这个图中列出的时间不是当地的法定时间，而是当地时间。知道这个原理后，只要我们知道某个地方的纬度，要想绘制出这样一张图表就非常简单。通过这个图表，我们可以清晰地看出任意一天的日出日落时间。

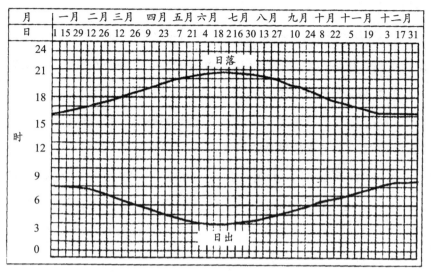

月	一月	二月	三月	四月	五月	六月	七月	八月	九月	十月	十一月	十二月

图9　纬度为50°的地区一年中太阳升落时间对照表。

图10　阳光下的人居然
没有影子，这种现象只在
赤道附近发生。

影子哪儿去了

请读者朋友仔细观察一下图10，你看出什么异常了吗？也许有读者已经看出了端倪，大白天，这个站在室外的人为什么没有影子？这也太奇怪了！实际上，这张图是完全照着一张实地拍摄的照片临摹的，

21

也就是说，画里的情况是真实存在的。不过，图中这个人所站的地方是特定的，是赤道附近。画面中，太阳正好位于这个人的头顶正上方（我们常把这个区域称为"天顶"）。但是，如果这个人位于赤道至纬度23.5°以外的任何地方，太阳永远不会到达天顶，所以，只在某些地区，才有可能出现这样的情况。

每年的6月22日，太阳正好到达北回归线附近，也就是北纬23.5°。我们生活在北半球，这一天正午太阳达到最高值，此时它位于北回归线上各个地方的天顶。再过6个月，到12月22日，太阳会到达南回归线附近，也就是南纬23.5°。同理，这一天，在南回归线上的各个地方，都可以看到太阳位于天顶。我们知道，热带处于南北回归线之间，所以，热带的人们一年之中可以两次看到太阳位于天顶，那时，所有的人或者其他物体的影子都正好在自己的脚下面，看上去就好像没有影子一样，这就是图10中的景象。

如图11所示，图中画出了一天当中南北两极地区的影子变化，你可能觉得我在开玩笑，其实不然。正如你所见，这里的人可以同时产生好几个影子！这幅

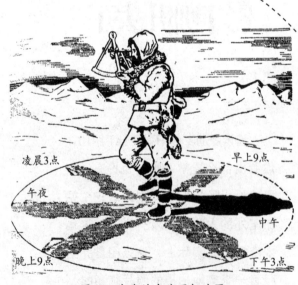

图11 地球的南北两极地区，物体的影子长度在一天中不会发生变化。

凌晨3点　早上9点　午夜　中午　晚上9点　下午3点

图直观地说明了极地上太阳的特点：在太阳光下，一个昼夜内，人的影子长度没有发生任何变化。这是因为，在南北两极上，太阳一昼夜的运行路线几乎都平行于地平线。但在地球上的其他地区，太阳的运行轨迹跟地平线都是相交的。不过，需要说明一点，在这个图中，有一个错误，就是图中人的身高比影子长得多，这种情况只在太阳高度角是40°时才有可能出现。而在地球两极，太阳的高度角要小于23.5°，所以，这是绝对不可能发生的事情。通过一些简单的计算，我们可以得知，在南北两极上，物体的影子至少是物体高度的2.3倍，甚至更多。感兴趣的读者可以利用三角学原理计算一下。

物体质量跟运动方向有关系吗

【题目】两列相同的火车，以相同的速度相向行驶。其中一列的行驶方向是从东往西，另一列是从西往东，那么，哪一列火车更重一些？如图12。

【解答】从东往西行驶的火车更重一些，换句话说，这列火车对铁轨的压力更大一些。这是因为，它的行驶方向与地球自转的方向正好相反。火车行驶的时候，由于离心力的影响，这列火车围绕地球自转轴运动的速度要小一些，所

图12　两列相向而行的火车，由于离心力的影响，
自东往西的火车更重一些。

以，跟另一列火车相比，它减少的质量也少一些。

其实，如果给出一些条件，我们还可以计算出确切的
差值：

如果这两列火车的时速为72千米，它们在纬线圈60°上行
驶，根据天文学知识，我们知道，在这个纬度上，各个地方
都是以230米/秒的速度在围绕地球的自转轴运动。所以，跟地
球自转方向相同的那列从西向东行驶的火车，它的旋转速度
就是（230＋20）米/秒，也就是250米/秒；而另一列火车的旋
转速度就是210米/秒。

对于纬度60°的纬线圈，它的半径是3200千米，所以，前
一列火车的向心力加速度就是：

$$\frac{V_1^2}{R} = \frac{25000^2}{320000000} \text{厘米/秒}^2$$

后一列火车的向心力加速度为：

$$\frac{V_2^2}{R} = \frac{21000^2}{320000000} \ 厘米/秒^2$$

它们向心力加速度的差为：

$$\frac{V_1^2 - V_2^2}{R} = \frac{25000^2 - 21000^2}{320000000} \approx 0.6 厘米/秒^2$$

又由于向心力加速度的方向与重力方向的夹角为60°，所以，叠加到重力上的部分就是：

$$0.6 厘米/秒^2 \times \cos 60° = 0.3 厘米/秒^2$$

跟重力加速度相除，就是0.3/980，也就是0.0003或者0.03%。

综上所述，跟自东向西行驶的火车相比，自西向东行驶的火车的质量减轻了0.03%。如果一列这样的火车由1个火车头和45节车厢组成，它的质量大概是3500吨，这时，它们的质量相差了：

$$3500吨 \times 0.0003 = 1.05吨 = 1050千克$$

如果是排水量为20000吨、速度为35千米/小时的大轮船，这个质量差大概是3吨。两艘这样的大轮船分别自东向西和自西向东以这样的速度行驶的时候，如果沿着纬度60°的地方开进，那么，向西行驶的轮船会比向东行驶的重3吨左右，这一点可以从吃水线上看出来。

25

通过怀表辨认方向

当我们在野外的时候，如果手边没有指示方向的工具，如何辨认方向呢？这时候，如果有太阳，就可以通过怀表来辨认。方法很简单，只要把怀表平放在地上，时针指着太阳，然后，找出时针跟12点方向的夹角，那么，这个夹角的平分线所指的方向就是正南方。

这个方法的原理，实际上很简单。我们知道，太阳都是东升西落，它在天上走一圈所花的时间为24小时，而在怀表的表面上，时针走一圈所花的时间为12小时，可以看出，后者走的弧度正好是前者的2倍。所以，只要把怀表上时针走过的弧度进行平分，就是中午的时候太阳所处的方向，也就是南方，参见 图13 。

需要指出的是，这个方法虽然很简便，但是并不精确，有时候甚至可能产生几十度的误差。这是因为，怀表始终平行于地面，但只有在极地上，太阳

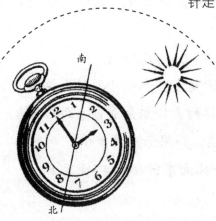

图13　在户外用怀表找方向。

在天上运行时才会与地面平行，而其他的地方太阳与地平线总会有一个夹角，特别是在赤道上时，它们是相互垂直的。所以，除了在极地上，在地球上的任何其他地方，都不可避免会产生一定的误差。

下面，我们再来看一下**图14**。在图14a中，观测者位于图中的点M处，点N为北极点，圆HASNRBQ（天球子午线）正好同时通过观察者所在的天顶和天球的北极，那么，我们就可以通过量角器来测量出天球的北极在地平线HR的高度NR，从而计算出观察者所在的纬度。这时，如果观察者站在点M看向点H，那他的前方就是正南方。在图14中，如果我们从侧面观察太阳在空中的运动轨迹，就会发现这一轨迹并不是弧线，而是一条直线，并且被地平线HR分成了两段，在地平线上面的部分是太阳在白天的运动轨迹，在地平线下面的是晚上的运动轨迹。到了每年的春分和秋分，太阳白天和晚上运行的路线相等，即图中的直线AQ；与这条直线平行的直线SB，则是夏天

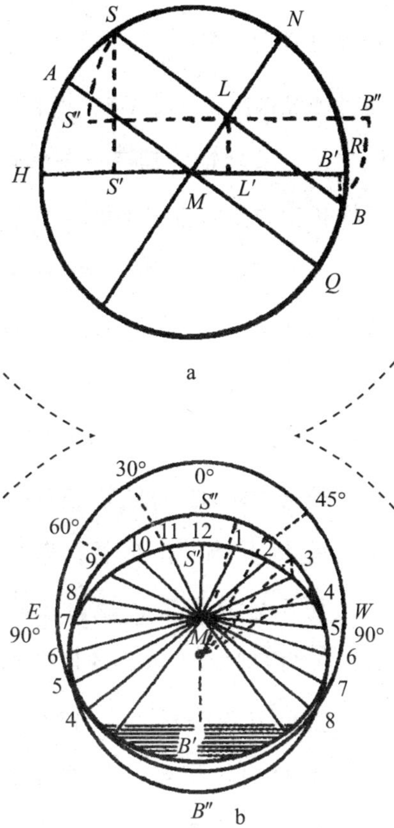

图14　将怀表当指南针使用却得不到精确方向指示。

时太阳的运行轨迹，从图中可以看出，这一路线大部分处于地平线以上，也就是说，夏天的时候白昼比黑夜要长一些。太阳每小时的运动轨迹是其全长的$\frac{1}{24}$，也就是$\frac{360°}{24}=15°$。不过，有一点很奇怪，我们通过计算得出，午后3点的时候，太阳应该在地平线西南$15°×3=45°$的地方，但实际情况却有一些偏差，这是因为，在太阳的运行轨迹上，同样长度的弧线投射到地平面上的影子并不一样长。

我们可以进一步分析一下。如图14b所示，图中的$SWNE$表示在天顶看到的地平面，直线SN为天球的子午线，观察者站在点M处。太阳在天空中运行时，它的轨道中心的投影并不是点M，而是点L'（参见图14a）。如果我们把图14a中的SB转移到$S''B''$位置，也就是把太阳的圆形轨迹转移到水平面上，并把它分成24等份，也就是每份15°。然后，我们把这个圆形轨迹恢复到原来位置，再投影到地平面上，就可以得到一个中心点为L的椭圆形（参见图14a）。在圆$S''B''$上，我们分别在24个等分点上作直线SN的平行线，这样就可以在椭圆上找出24个点，那么，这些点就是太阳在一昼夜内每个时刻的位置。这些点之间的弧线长度都是不相等的，对于在点M的观察者来说，这一感觉更加明显，因为点M并不是椭圆的中点。

通过计算，我们可以得出，夏天的时候，如果在纬度53°的某处，用怀表来辨认方向，会产生很大的误差。在图14b中，下端的阴影部分表示晚上，也就是说，日出时间在早晨的3~4点。根据前面我们说过的用怀表辨认方向的方法，太阳到达正东方向的点E时不是怀表上显示的时间6点，而是7点半。此外，在正南偏东60°的地方，太阳是9

点半升起而不是8点升起的；在正南偏东30°的地方，太阳是11点升起而不是10点；在正南偏西45°的地方，太阳是下午1点40分升起，而不是下午的3点；日落时间是下午的4点半而不是6点。

此外，需要指出的是，怀表指示的时间是法令规定的时间，而不是当地真正的太阳时间，所以，从某种程度上说，这一方法也会影响怀表辨认方向的准确性。

综上所述，怀表虽然可以用来辨认方向，但有时候并不精确。只在某些特殊的时期，比如春分、秋分或冬至时，这个误差才会小一些，这是因为，这时观测者所处位置的偏心距等于0。

为什么会有黑昼与白夜

在俄罗斯一些经典的文学作品中，经常可以看到"白色的黑暗""空灵的光芒"等非常唯美的描述，这些词所描述的是圣彼得堡的白夜。

每年，到了4月中旬，就进入了圣彼得堡的"白夜季"。这时，人们便会争相到这里观赏空中美妙绝伦的光芒。其实，从客观的角度来看，这一奇观只不过是很正常的天文现象罢了，跟晨曦和晚霞没有什么实质上的差别。在俄国著名诗人普希金的作品中，对此也有描写，他是这样描述的："天空与霞光在远处交接，黑夜被它们驱逐而去，剩下的是灿烂的金光。"其实，白夜就是晨曦和晚霞之间转换的那一

时刻，因为在纬度较高的某些地区，太阳在昼夜运行过程中始终处于地平线17.5°以上，晚霞还没有褪去，晨曦已经出现，所以，这里也就不会有夜晚了。

这一奇特的晚霞和晨曦相连的白夜现象，并非只在圣彼得堡一个地方出现，在它南面的一些地方也有白夜现象。比如说莫斯科，在每年的5月中旬到7月底之间也可以看到白夜景观，但那里的天空看起来会比同时刻的圣彼得堡暗一点。而且，在圣彼得堡，5月份就可以看到白夜；但在莫斯科，要等到6月至7月初才可以看到。

在俄国境内，可以看到白夜的最南端是波尔塔瓦地区，它的纬度是49°（66.5°~17.5°）。在这个纬度上，每年的6月22日，我们可以看到白夜现象，从这个纬度越往北，白夜持续的时间越长，而且亮度也更亮，比如说叶尼塞斯克、基洛夫、古比雪夫、喀山、普斯可夫等地方，都可以看到白夜，但是，因为这些地方都位于圣彼得堡的南边，所以，跟圣彼得堡比起来，白夜的日子要少一些，而且出现白夜景观时的天空也没有圣彼得堡的亮。

在圣彼得堡以北，有一个叫普多日的城市，这里出现白夜景观时的天空比圣彼得堡的亮得多。在距离它不远的城市阿尔汉格尔斯克，则可以看到更加明亮的白夜；而在斯德哥尔摩，看到的情形和圣彼得堡差不多。

除了前面提到的这种白夜之外，还有另一种白夜，它不是晚霞和晨曦的更替，而是根本就没有晚霞和晨曦，只有不间断的白天。这是因为，在地球上的一些地方，太阳只是掠过这个地方的地平线，而没有落到地平线的下面。比如，在纬度65°42′以北的地区，就可以看到这种白夜。但如果再往北，到了纬度67°24′的地方，我们看到的则是跟白夜完全相反的景观——"黑昼"，也就是说，那里的晨曦和晚霞不是在午夜更替，而是在中午，所以，那里永远是不间断的黑夜。

实际上，在一些地方，当我们可以看到"白夜"时，也有可能看到"黑昼"，而且它们的明亮程度也差不多，只不过，它们在不同的季节出现。比如说，在某个地方，我们在6月份看到了不下山的太阳；那么，还是在这个地方，到了12月份，一定有一段时间，我们会看不到太阳。

光明与黑暗的交替

小时候，我们可能都会认为太阳每天都会准时升起，也会准时落山，但是，学习了白夜和黑昼的知识后才知道，事情远比我们想象的复杂多了。在地球上，昼夜交替这一很常见的现象在不同的地方各不相同，而且，昼夜与光暗的交替也不一一对应。对于这个问题，为方便讨论，我们可以把地球划分成5个地带，分别表示光明与黑暗的不同交替方式。

第一个地带是位于南纬49°与北纬49°之间的地域，在该地域，每个昼夜都有真正的白天与黑夜。

第二个地带是位于纬度49°～65.5°之间的地域，它属于白夜地带，包括俄国境内的波尔塔瓦以北的部分地区，在夏至前白夜就会

出现。

　　第三个地带是位于纬度65.5°～67.5°之间的地域，它属于半夜地带，在这一区域，每年的6月22日前后几天，都可以看到不下山的太阳。

　　第四个地带是位于纬度67.5°～83.5°之间的地域，它属于黑昼地带。在每年的6月，这里会看到不间断的白昼；但到了12月份，又会看到不间断的黑夜，这些日子里全天被晨曦和黄昏笼罩。

　　第五个地带是位于纬度83.5°以北的地域，在这里，光暗的交替最为复杂。前面我们提到了圣彼得堡，那里的白夜只不过是白昼和黑夜进行了非正常的交替，但是，在第五个地带，情况又完全不一样。在这一地域，每年的夏至与冬至之间，一共可以感受到5个季节的变化，或者我们把它们称为5个阶段。在第一个阶段，是持续的白昼；在第二个阶段的半夜时分，会交替出现白昼与微光，但不会看到真正意义上的黑夜，这跟圣彼得堡的夏夜相似；在第三个阶段，全是持续的微光，看不到真正的白昼和黑夜；在第四个阶段，基本上仍然是微光，但在每天的半夜前后，会出现更加黑暗的时段；在第五个阶段，是持续的黑夜。而从冬至到第二年的夏至，这五个阶段又会按照相反的顺序进行重复。

　　前面分析的是北半球的情形，在南半球也基本一样。在相应的纬度上也会出现类似的现象。说到这里，有的读者可能会说，我好像根本没听说过南半球也有白夜呀？其实，这并不奇怪，原因就在于南半球跟圣彼得堡对应的纬度上全是一望无垠的海洋，一点儿陆地也没有。可能只有那些勇敢的航海家或者探险家到南极探险的时候，才会看到这一绝美的白夜奇观吧。

北极太阳之谜

【题目】探险家到北极探险时，曾经看到过一个非常奇特的现象：在夏季的北极，当阳光照射到地面上的时候，地面并没有发热，但如果是照射到直立的物体上，温度却很高。比如说，垂直于地面的房屋墙壁和峭壁在阳光的炙烤下会变得发烫，直立的冰山融化速度非常快，木船舷上的树胶被迅速晒化，人的皮肤也很容易晒伤。

对于这一现象，该如何解释呢？

【解答】关于这一点，可以通过物理定律来解释。我们知道，阳光照射物体表面的角度越接近垂直，它发挥的作用越明显。在夏天，由于北极地区太阳所处的位置很低，一般情况下，太阳高度低于45°，所以，如果物体垂直于地面，那么，它跟阳光之间的夹角就会比45°大，这样，太阳所发挥的作用会比照射到地面上大一些，也就会产生比较明显的照射效果。

四季开始于哪一天

每年的3月21日，不管这一天是狂风暴雨还是漫天飞雪，又或者是春暖花开，在天文学上，都把北半球的这一天作为冬天的结束和春天的开始。为什么要用这一天作为冬季与春季的分界线呢？依据是什么？

实际上，在天文学上，春季的开始并非取决于大气的气候变化，因为气候总是在不停地变化着。在某个特定的时刻，在同一时间点，北半球上可能只有一个地方会出现真正意义上的春天。所以我们说，其实气候特征跟季节变化并没有特定的关系。天文学家对于四季的划分，主要是依据中午时分太阳的高度角、白昼的长短等天文学因素，气候只是作为一个参考罢了。

之所以选择3月21日，是因为这一天的晨昏线正好经过地球的两极。我们可以通过一个实验来模拟一下：找一只普通的灯，把它发出的光射向地球仪，使地球仪上被照亮的那一区域的分界线刚好跟经线重合，并且与赤道和所有的纬线圈都垂直。然后，慢慢转动地球仪，我们会发现，地球表面上任意一点在转动的时候，光亮与黑暗正好平分它的圆周轨迹。通过实验可以看出，在每年的这个时候，地球表面上任何地方的昼夜长度正好相等。这一天的白昼正好是一个昼夜的$\frac{1}{2}$，即12小时。对于世界各地的人们来说，这一天的日出是早上6点，而日落则是晚上6点。

3月21日这一天，世界上所有地方都是昼夜平分，天文学上将这特殊的一天称为"春分"；同样的道理，到了半年后的9月23日，又是一个昼夜平分的时刻，天文学上把这一天称为"秋分"。春分表示冬春交替，秋分则表示夏秋交替。需要注意的是，对于南半球来说，情况正好相反，当北半球到春分时，南半球则是秋分，反过来也一样。换句话说，在赤道的这一边，当冬春正在交替时，在另一边，正在进行交替的是夏秋。

此外，在一年之中，昼夜长短的变化是这样的：从9月23日开始，一直到12月22日，北半球的白天会逐渐变短；而从12月22日开始，一直到第二年的3月21日，白天又会逐渐变长。在这段时间里，白天总是比黑夜短。而从3月21日开始，直到6月21日，白天会逐渐变长；从6月21日开始，到9月23日，白天又逐渐变短。在这段时间里，白天总是比黑夜长。

就北半球来说，天文学上四季的开始与结束就是上面提到的四个日期。我们不妨再罗列一下，它们是：

3月21日——昼夜等长——春季开始；

6月22日——白天最长——夏季开始；

9月23日——昼夜等长——秋季开始；

12月22日——白天最短——冬季开始。

而到了南半球，情况正好反过来，读者朋友可以试着自己罗列一下。

为加深大家对这一内容的理解，我们来看几道练习题。

【题目】①在地球上，哪个地方全年都是昼夜等长的？

②今年的3月21日，塔什干是几点日出？同一天，东京又是几点日出？在南美洲阿根廷的首都布宜诺斯艾利斯，又是几点日出？

③在9月23日这一天，新西伯利亚是几点日落？纽约是几点日落？好望角又是几点日落？

④在8月2日，赤道上几点日出？2月27日那天呢？

⑤7月有没有可能出现严寒？1月有没有可能出现酷暑？

【解答】①赤道上全年的昼夜长度相等，这是因为地球无论在哪个位置，地球受太阳照亮的一面总会将赤道平分。

②和③在春分和秋分，地球上所有的地方都是早上6点日出，晚上6点日落。

④赤道全年日出时间都是早上6点钟。

⑤在南半球的中纬度地区，7月可能出现严寒，1月可能出现酷暑。

有关地球公转的3个假设

对于日常生活中的一些现象，我们可能已经司空见惯，但就是这些习以为常的东西，如果想解释它们，有时候并不是那么容易，甚至可能比那些奇特的现象还要难解释得多。例如，我们通常使用十进制来进行计数，而如果要求我们使用七进制或十二进制，总觉得非常别扭，同时也感觉到，十进制真是太简单了；再比如，当我们在学习非欧几里得几何学时，这才感觉以前学过的欧几里得几何学真是又简单又实用。

在天文学上，我们也经常进行一些假设，这样可以帮助我们更好地学习地心引力在日常生活中的运用。下面，我们来看几个假设，以便更好地解释地球绕日运行。

大家一定知道，地球在绕日运行的时候，轨道平面跟地轴有一个夹角，这个夹角大概是 $\frac{3}{4}$ 个直角，也就是66.5°。现在，我们不妨假设这个角度是直角，也就是90°；换句话说，假设地球运行轨道所在的平面与地轴垂直，那么，这个世界会变成什么样子呢？

（1）假设地球公转轨道所在的平面与地轴垂直

说到这里，我们不得不提一下凡尔纳的幻想小说《底朝天》，在这里面，炮兵俱乐部的会员也曾经提出过这样的假设。炮兵军官想"把地轴竖起来"，也就是使地轴垂直于地球公转所在的平面。如果这个假设可以实现，那么，自然界会有怎样的变化呢？

第一个变化体现在小熊座 α 星（也就是我们经常提到的北极星）上，它将不再是我们认为的"北极星"。这是因为，当这个夹角由66.5°变成直角后，星空旋转时的中点就会发生变化，也就是说，小熊座 α 星将远离地轴的延长线。

第二个变化体现在四季上，或者说得更准确些，现在变化明显的四季更替将不复存在。说到这里，我们需要先米看一下为什么会发生四季更替。就从一个最简单的问题说起吧：夏天为什么会比冬天热呢？

在我们生活的北半球，夏天比冬天热，主要有两个原因：首先，地轴与地球公转轨道所在的平面有一个夹角，这样就会导致夏天的时候，地轴北端距离太阳更近，白天比黑夜更长，所以太阳照射到地面上的时间较长，而且由于黑夜较短，散热的时间也就短，这就使得地

37

面吸收的热量多于散掉的热量。其次，还是因为有了这个夹角，使得白天的时候，地面跟太阳光所形成的角度大一些；换句话说，夏天的地面被太阳光照射的时间很长，照射的程度也大，而到了冬天，不仅照射的时间短，黑夜比白天长，散热的时间也更长。

同样的道理，在南半球，情况也是一样，不过，与北半球相比，时间上正好差了6个月。在春秋两季，南北半球的气候差不多，这是因为此时太阳与南北极的相对位置一样，地球的晨昏线几乎跟经线重合，所以白天和黑夜几乎一样长。

回到前面的假设，如果地轴与地球公转轨道平面垂直，那么，四季更替将不复存在。这是因为此时地球跟太阳的相对位置不再发生变化，也就是说，地球上的每一个地方，季节都将不再发生变化，总是停留在一个季节，即春季或者秋季；而且，每个地方的昼夜都是一样长，就跟现在的3月下旬或者9月下旬一样。木星就是这样的情况（它的轴与绕日运转的轨道平面垂直）。

跟热带相比，温带上的变化更明显一些，而到了两极，气候将跟现在的情况截然不同。由于大气对光具有折射作用，所以，对于两极上的天体来说，它们的位置将比现在高一些，如 图15 所示。这样，

图15　地球大气折射图。从太阳S_1射来的光线，穿过地球上的每一层大气层时，都会因为受到折射而发生偏移，从而使观察者觉得光线是从S_2'射出来的。虽然S_1处太阳已经落山，但因为大气的折射作用，观察者还能看见它。

太阳就会一直在地平线上浮动，不再像现在这样东升西落，于是在南北两极将永远是白昼，准确点儿说，将永远处于早晨。虽然太阳一直在很低的位置，斜射带来的热量并不多，但由于它不间断地照射，所以，原本严寒的极地地区将温暖如春，也许，这是地轴垂直于地球公转轨道平面给我们带来的唯一好处。但对于地球其他地区而言，将造成难以估计的损失。

（2）假设地球公转所在的平面跟地轴成45°角

在这个假设中，地轴跟地球公转平面的夹角不再是直角，而是 $\frac{1}{2}$ 个直角，也就是45°。这样，春分和秋分仍然昼夜相等，跟现在没什么差别。但是，到了6月，由于太阳处于纬度45°的天顶，而不是23.5°，所以，在地球纬度45°上将会出现热带气候。由于圣彼得堡所在的纬度是60°，也就是说，太阳距离天顶是15°，在这样的太阳高度下，纬度60°地区的气候将变成现在的热带气候。此外，现在的温带将会消失，热带和寒带直接连在了一起。在整个6月，莫斯科和哈尔科夫将会一直是白昼。到了冬季，情况又会反过来，在整个12月，莫斯科、基辅、哈尔科夫以及波尔塔瓦等城市，将会一直处于黑夜。冬季的时候，现在的热带地区将出现温带气候，因为中午的时候，太阳高度处于45°以下。

所以，除了前面提到的极地地区会有一点儿好处之外，在这个假设下，热带和温带将发生很大的变化，给整个地球带来非常大的损失：冬天将变得比现在更加寒冷，在两极，将一直是温暖的夏季，中午的时候，太阳高度在45°，这样的情况将持续整整半年的时间。在温暖的阳光照射下，南北极的冰雪将不复存在。

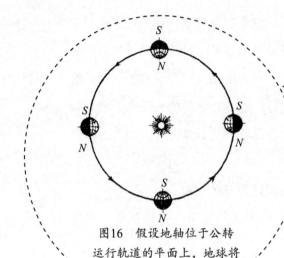

图16　假设地轴位于公转
运行轨道的平面上，地球将
"躺着"围绕太阳转。

（3）假设地轴位于地球公转运行
轨道的平面

可以说，这个假设更加疯狂，如 图16 所示，这时的地轴位于公转运行轨道的平面上，也就是说，地球"躺着"围绕太阳旋转，而且它还围绕地轴自转，这样，又会产生什么后果呢？

在这个假设下，极地附近的地区将会出现长达半年的白昼和长达半年的黑夜。在半年白昼期间，太阳会沿着一条螺旋线慢慢从地平线升到天顶的位置，然后，又沿着螺旋线慢慢降落到地平线以下。昼夜交替的时候，将出现不间断的微明，这是因为，在太阳没有完全落入地平线之前，会连续几天在地平线处起伏，而且还会围绕天空旋转。到了夏季，冰雪会以非常快的速度融化。在中纬度地区，白昼将从春季开始慢慢变长，直到出现连续不断的白昼。

刚才提到的情况跟天王星有点儿相似，因为天王星的自转轴跟公转轨道平面的夹角只有8°，所以，它基本上就是"躺着"围绕太阳公转的。

刚才我们一共进行了3个假设，并对每种假设进行了分析，相信读者朋友已经对地轴的倾斜度跟气候的关系有了一个比较清晰的认识。在希腊文中，古代的"气候"一词就是"倾斜"的意思，可见，这不是偶然的。

下面，我们来研究一下地球公转轨道的形状。跟其他行星一样，地球的运行也遵守开普勒第一定律，即行星在椭圆形的公转轨道上运行，太阳正好位于这个椭圆的焦点。

那么，地球公转轨道到底是个什么样的椭圆形呢？

一些中学教科书经常把地球公转轨道画成一个拉得很长的椭圆形，这给很多人造成了误解，以为地球的公转轨道就是一个标准的椭圆形。事实上并不是这样的，地球公转轨道基本上跟圆形差不多，如果画在纸上，你可能以为它就是一个圆，哪怕把这个轨道的直径画成1米，如果用肉眼来看，看起来还是跟圆形差不多。所以，哪怕你的眼睛跟艺术家一样敏锐，也很难区分这种椭圆形与圆形。

如 图17 所示，这是一个椭圆，AB为椭圆的长径，CD为短径。除了"中心"点O外，在长径AB上还有两个重要的点，被

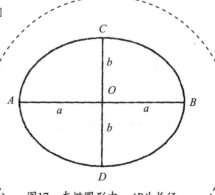

图17　在椭圆形中，AB为长径，CD为短径，中心为O点。

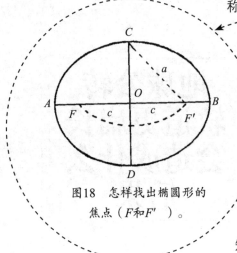

图18 怎样找出椭圆形的
焦点（F和F'）。

称为"焦点"，它们对于中心点O两边相互对称。在 图18 中，我们以长径AB的 $\frac{1}{2}$，也就是以OB为半径，以短径的端点C为圆心画弧，与长径AB交于点F和点F'，那么，这两个点就是椭圆的焦点。这里，OF的长度等于OF'，通常用c表示，而长径和短径则常用2a和2b表示。c与a的比值，也就是 $\frac{c}{a}$，表示椭圆伸长的程度，在几何学上称为"偏心率"，偏心率越大，椭圆跟圆形的差别越明显。

可见，如果我们知道了地球公转轨道的偏心率，那么就可以确定它的形状是什么。计算偏心率不需要知道轨道的大小。前面提到，太阳位于椭圆轨道的一个焦点上，所以，地球公转轨道上的点到太阳的距离都不相等，这就使得太阳看上去有时候大，有时候小。比如说，在7月1日这天，太阳位于图18中的焦点F'，而地球位于点A，所以人们所看到的太阳最小，如果用角度表示，就是31'28"。而到了1月1日，地球位于点B，这时人们所看到的太阳最大，如果用角度表示，就是32'32"。由此可以得出下面的比例关系：

$$\frac{32'32''}{31'28''} = \frac{AF'}{BF'} = \frac{a+c}{a-c}$$

根据上面的比例式，有：

$$\frac{32'32''-31'28''}{32'32''+31'28''} = \frac{a+c-(a-c)}{a+c+(a-c)}$$

也就是：

$$\frac{64''}{64'} = \frac{c}{a}$$

于是有：

$$\frac{c}{a} = \frac{1}{60} = 0.017$$

也就是说，地球公转轨道的偏心率是0.017，可见，只要测出太阳的可视圆面，就可以确定地球公转轨道的形状。

此外，我们还可以用以下方法验证椭圆轨道跟圆形的区别。如果把地球公转轨道画作一个半长径为1米的椭圆，那么，它的短径是多少呢？

利用图18中的直角三角形OCF'，可以得出：

$$c^2 = a^2 - b^2$$

两边都除以a^2：

$$\frac{c^2}{a^2} = \frac{a^2 - b^2}{a^2}$$

$\frac{c}{a}$为地球轨道的偏心率，它等于$\frac{1}{60}$，而$a^2 - b^2 = (a+b)(a-b)$，a和b的差别非常小，所以，我们可以用$2a$代替$(a+b)$，从而把上式化简为：

$$\frac{1}{60^2} = \frac{2a(a-b)}{a^2} = \frac{2(a-b)}{a}$$

所以：

$$a - b = \frac{a}{2 \times 60^2} = \frac{1000}{7200}$$

这个值小于$\frac{1}{7}$毫米。

可以看出，即便在这么大的圆上，这个椭圆轨道的半长径跟半短径也只差了不到$\frac{1}{7}$毫米，这比铅笔画出来的线还细，所以，即便把轨

道画成圆形也没什么。

我们不妨再来分析一下，在这张图上，太阳应该在哪里。前面提到，它应该在焦点上，那它距离中心多远呢？也就是图中的 OF 或者 OF' 是多长呢？我们可以很容易通过计算得出：

$$\frac{c}{a} = \frac{1}{60}, \quad c = \frac{a}{60} = \frac{100}{60} = 1.7$$

也就是说，太阳在距离轨道中心1.7厘米的地方，如果把太阳的直径画成1厘米，恐怕艺术家也很难发现它是否处于轨道的中心。

所以，我们在画地球公转的轨道时，完全可以把太阳画在轨道的中心，并用圆圈表示。

通过刚才的分析，我们知道，太阳所处的位置非常接近轨道的中心，从严格意义上说，如果它真的位于中心，会不会对气候造成影响呢？我们不妨继续讨论一下。假设地球公转轨道的偏心率增加至0.5，也就是说，椭圆的焦点正好平分它的半长径，这时的椭圆将更加扁长，像个鸡蛋。当然，我们这里只是假设。实际上，在整个太阳系中，水星轨道的偏心率最大，大概是0.25。

假设：地球公转轨道比正常情况下扁长很多

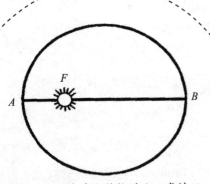

图19　假设地球公转轨道比正常情况更扁长，焦点在半长径的中点上，那么北半球的冬季太阳高度会变得很低，天气变暖。

如 图19 所示，这里的地球公转轨道比正常情况扁长很多，并且焦点在半长径的中点。我们假设地球在1月1日时仍然位于距离太阳最近的点A，在7月1日时位于距离太阳最远的点B。由于，FB正好是FA的3倍，所以，7月1日的太阳到地球的距离将是1月1日的3倍，1月的太阳视直径是7月的3倍。而太阳照射到地面的热量跟它与地球的距离平方成反比，所以，1月时地面接受到的热量是7月的9倍。也就是说，在北半球，虽然冬季的太阳高度很低，昼短夜长，但是，由于距离太阳很近，可以接受到更多的热量，天气将变得暖和得多。

另外，根据开普勒第二定律，我们知道，在同样的时间里，向量半径扫过的面积相等。这里"向量半径"指的是太阳与行星的连线，在刚才的讨论中，就是太阳与地球的连线。当地球围绕太阳公转时，向量半径会不停地变化，并在运动时扫过一定的面积。根据开普勒定律，在同样的时间内，这些面积应该相等。如 图20 所示，根据这个原理，要想在相同的时间里使扫过的面积相等，那么，地球在运行到距离太阳较近时的速度要比距离太阳较远时快一些，因为向量半径小一些。

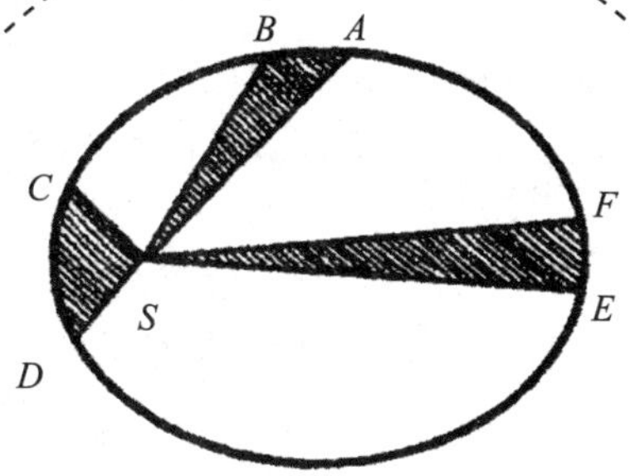

图20　开普勒第二定律：如果弧线AB、CD、EF是行星在相同时间内通过的距离，那么图中的三块阴影面积应该是相等的。

所以，在前面的假设下，每年的12月到第二年的2月，由于地球距离太阳很近，它运行的速度应该比6月到8月快。也就是说，在北半球，冬天将过得很快，而夏天将变得很长，这样，地面接受到的热量会更多。

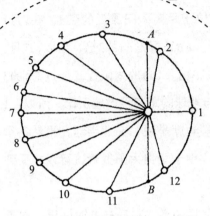

图21 假设地球公转轨道变得更扁长，那么季节长短会发生变化。图中相邻两个数字之间的距离是地球在相等时间（一个月）中所走的距离。

由此，我们可以得出图21所示的季节长短图。图中的椭圆形是假定偏心率为0.5时的地球公转轨道。为方便分析，我们把轨道划分为12段（分别用数字1～12标记），每一段表示地球在相等时间内运行的路程。依据开普勒定律，这12块的面积应该相等，因为这12个点与太阳的连线是向量半径。比如说，1月1日，地球在点1；2月1日，地球在点2；3月1日，地球在点3，依此类推。这样很容易得出，春分（A）将在2月上旬出现，秋分（B）将推到11月下旬。也就是说，在北半球，冬季将从12月底开始，第二年的2月初就结束，前后只有1个多月的时间，在从春分到秋分的9个半月时间里，昼长夜短，太阳也距离地球较远。

但是，如果是南半球，又会是另一种情形。在昼短夜长、太阳位置较低时，由于这时太阳距离地球较远，所以，地面接受到的热量很少，只有地球离太阳较近时的 $\frac{1}{9}$。但是，在昼长夜短、太阳位置较高时，地面接受到的热量将是地球离太阳较远时的9倍。也就是说，在南半球，冬季比北半球长得多也冷得多，而夏天会更短也更热。

在这个假设下，还会产生另一个后果，由于1月的时候地球运行得很快，所以，真正中午跟平均中午之间会差得很多，有时候可能差几个小时。对于我们来说，这将严重影响我们的作息。

由此可见，在前面的假设下，太阳"偏心"的位置不同，带来的影响也会不同：在北半球，冬季将比南半球更短也更暖和，而夏季正好相反。实际上，我们每个人都能观察到这些现象。在1月的时候地球到太阳的距离比7月近了 $2 \times \frac{1}{60} = \frac{1}{30}$，1月份地球接受到太阳的热量是7月的 $\left(\frac{61}{59}\right)^2$ 倍，也就是比7月多了7%左右，所以，北半球的冬天相对暖和一些。此外，在北半球，秋季和冬季天数之和比南半球要少8天，而春季和夏季天数之和比南半球要多8天，这也许是南极的冰雪比北半球多的一个原因吧。在右表中，我们列出了南北两半球四季的时间。

北半球	持续天数	南半球
春季	92日19时	秋季
夏季	93日15时	冬季
秋季	89日19时	春季
冬季	89日0时	夏季

可见，在北半球，夏季比冬季多了4.6天，春季比秋季多了3天。

但是，由于在天体空间中地球轨道的长径会不断变化，使轨道上距离太阳最远和最近的点也不停变化，所以，北半球的这个优势也会变化。有人计算过，大概每过21000年，这个变化会重新来一次，从公元10700年开始，这一优势将转移到南半球。

事实上，地球公转轨道的偏心率确实在慢慢发生着变化，从接近圆形的0.003变到像火星轨道那样的0.077。目前，地球公转轨道的偏心率在慢慢变小，大概24000年后，它将缩小到0.003，在接下来的40000

年里，它又会慢慢变大。不过，现在我们的讨论只存在于理论中，没有什么实际意义。

地球什么时候距离太阳更近：中午还是黄昏

对于这个问题，如果地球公转的轨道是个正圆形，可以很容易得出答案：在中午的时候，距离太阳较近，再加上地球的自转，使得地球表面上的点都正对着太阳。例如，赤道上的点到太阳的距离，在中午的时候要比黄昏少6400千米，也就是地球半径的长度。

但是，问题是地球的公转轨道并非正圆形，而是椭圆形，太阳位于焦点上，如 图22 所示。所以，地球到太阳的距离是时刻变化的。在上半年中，地球离太阳越来越远；到了下半年，又会慢慢接近太阳。

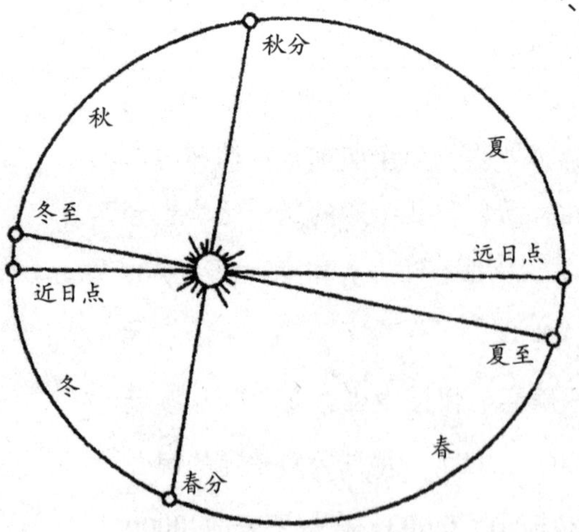

图22　地球绕日公转的轨道示意图。

最大与最小距离的差为 $2 \times \dfrac{1}{60} \times 150000000 = 5000000$ 千米。

地球与太阳的距离一直在变化，大概每昼夜相差30000千米。也就是说，从中午到日落的这段时间里，地球表面上的各点与太阳的距离相差了大概7500千米，这比地球自转引起的距离变化略大些。

所以，对于这个问题，应该分开讨论：在1月到7月，我们中午的时候离太阳近一些；而西欧从7月到第二年的1月，黄昏的时候离太阳近一些。

【题目】地球围绕太阳公转时，距离太阳大约1.5亿千米，现在，如果这个距离增加1米，如图23，那么，公转的全长会增加多少？一年又会增加多少天？（假设地球绕日公转的速度不变）

假如地球公转的半径增加1米

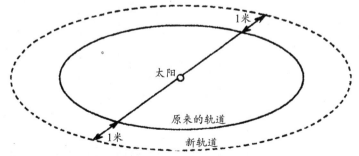

图23　假如地球公转的半径增加1米，公转的全长会增加多少呢？

【解答】表面看来，这1米是个很小的数值，但因为公转轨道是很长的，所以，通常会让人认为，1米的变化将造成显著影响，轨道的全长和一年的天数都会明显增加。

但是，通过计算可以得出，实际情况并不像我们想象的那样，这一点出乎意料。不过，这也是很正常的，对于两个同心圆来说，它们的周长之差跟半径的差有关，与每个半径的长度无关。如果画出两个半径相差1米的圆，可以发现，这两个圆的周长之差与地球公转轨道的周长变化完全相同。

你可能对此感到疑惑，但是，利用简单的几何学知识，我们就可以证明。假设地球公转轨道是圆形，半径为 R 米，那么，它的周长就是 $2\pi R$ 米。如果半径增加1米，那么，新的周长就是 $2\pi(R+1)=(2\pi R+2\pi)$ 米。所以，周长只增加了 2π 米，也就是6.28米，可见，这个增加量跟半径的长度没有任何关系。

如果地球到太阳的距离增加1米，那么地球公转的全长将增加6.28米。由于地球公转的速度大概是30千米/秒，因此在一年中只增加了 $\frac{1}{5000}$ 秒。对于地球公转系统来说，这个数值太小了。

从不同角度看运动

当一个物体从我们手中滑落时，我们看到的是它垂直下落，但在另一个人看来，这个物体是不是也是垂直下落呢？

在他看来，可能并非如此，实际上，对于任何一个不跟地球同步旋转的人来说，物体下落的轨迹可能都不是直线。

如图24所示，假设这个重物从500米的高度自由下落。那么，它在下落过程中将参与地球上的所有运动，但由于作为观测者的我们也在同时参与这些运动，因此我们根本感觉不到重物下落时的各种附加运动。如果我们脱离地球的各种运动，就可以明显看出重物下落的轨迹并不是直线，而是别的路径。

比如说，我们在月球上看

图24 对于地球上的观察者
而言，重物下落的
轨迹是直线。

地球上的重物下落。虽然月球也跟地球一起围绕太阳公转，但它的自转跟地球并不同步。所以，在月球上看来，地球上的这个重物一共参与了两种运动：一种是垂直下落；另一种是沿与地面相切的方向向东运动。根据力学定律，这两种运动将合成为另一种运动，我们知道，自由下落物体的运动速度不是匀速的，而另一种运动却是匀速的，所以，合成后的运动轨迹将是一条曲线，如 图25 所示。

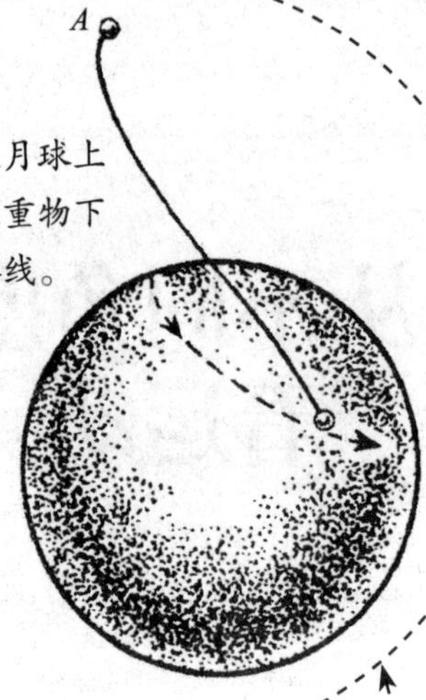

图25 从月球上看地球上重物下落的路线。

如果在太阳上，用高倍望远镜来看这个重物的下落，又会是另一种情形。这时，对于观测者来说，不仅没有参与地球的自转，也没有参与地球的公转，所以，如 图26 所示，我们将看到三种运动：

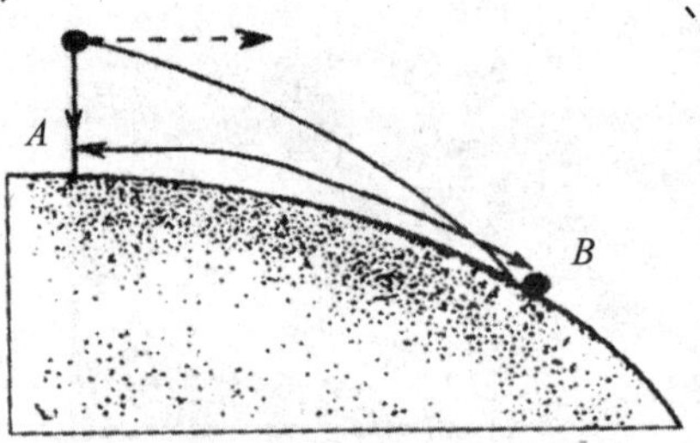

图26 地球上物体垂直下落的同时也沿着与地面相切的方向运动。

①重物垂直下落；

②重物沿与地面相切的方向向东运动；

③重物围绕太阳旋转。

在第一种运动中，由于物体下落的高度是0.5千米，可以得出，它下落到地面共花了10秒钟；在第二种运动中，假设事发地点在莫斯科，那么它的路程可以用纬度计算，为0.3×10=3千米；在第三种运动中，它的速度是30千米/秒。所以，在10秒的时间内，重物沿公转轨道运行了300千米，比前面两种运动大多了，对于太阳上的观测者来说，可能只看到第三种运动。如 图27 所示，在这个时间里，地球向左移动了很长的距离，而重物只下落了一点。需要指出的是，图中的比例尺并不标准，在10秒内，地球最多移动300千米，但图中大概是10000千米。

不妨再深入探讨一下，如果我们在地球、月球和太阳之外的一个星球上观察这个下落过程，还会发现第四种运动。这种运动是与该星球的一种相对运动，它的方向和大小取决于太阳系和这个星球的相对运动。如 图28 所示，假设这个星球也在太阳系中运动，速度是100千米/秒，跟地球公转的轨道平面成一锐角。那么，重物在10秒时间里将沿该方向移动1000千米，这时，物体的运动路径将变得非常复杂。当然，如果在另一个星球上，观察到的可能又是另外一种路径。

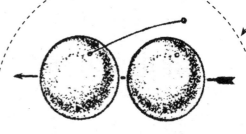

图27　从太阳上观察地球上垂直下落物体的运动轨迹。

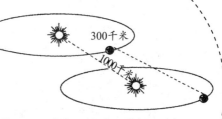

图28　从地球、月球、太阳之外的另一个星球上观察地球上物体下落的运动轨迹。

分析到这里，有的读者朋友可能会想，如果在银河系之外观察呢，又是什么情形？这样，对于银河系跟其他宇宙天体的相对运动，观察者都不会参与。实际上，根据前面的分析，我们已经知道，从不同的角度观察物体的下落，看到的情形完全不同。

使用
非地球时间

不知大家有没有想过，工作了1小时后又休息了1小时，这两个小时是否一样长呢？你可能会想，只要测量的钟表准确，它们当然一样长。那么，我再问你，你说的准确的钟表是怎样的钟表呢？你可能又会回答：准确的钟表就是根据天文观测校准过的钟表，它跟地球的匀速旋转一致，也就是说，在同样的时间里，地球转过的角度也一样。

但是，你怎么能肯定地球是匀速旋转的呢？地球在不停地自转，每两次自转的时间真的相等吗？根据是什么？要想搞清楚这个问题，就必须抛弃以地球自转作为计时标准的思维。

对于这个问题，近几年[1]在天文学界就有人提出，在一些特殊情况下，对时间的测量应该采取特殊的标准，不能使用传统的、以地球匀速自转为标准的方法。

---

1 指本书成书年代。此外，本书中的所有数据、观点都是作者成书时代的，时隔半个多世纪，今天已发生许多变化。后文不再一一标注。

在对一些天体运动的研究过程中，人们发现，这些天体的实际运动跟理论结果偏差很大，而且，这种偏差用天体力学规律根本无法解释。存在这种偏差的，已经发现的就有月球、木星的第一卫星和第二卫星、水星等，甚至还有太阳的视周年运动，也就是地球的公转。例如月球的运动，它的实际与理论路线偏差角有时候达到了 $\frac{1}{4}$ 分。经过分析，发现它们都有一个共同的特点：这些运动都会在某个特定的时间暂时变快，在那之后的某段时间，又会突然变慢。据此分析，造成这类偏差的原因应该是相同的。

那么，这个共同的原因到底是什么呢？是钟表不够精确么？还是因为地球的非匀速自转呢？

所以，有人提出，我们应该抛弃"地球钟"，采取别的自然钟来测量这类运动。这里的自然钟是指根据木星上某卫星、月球或水星的运动进行校准的时间。实践证明，如果采取自然钟，前面提到的天体运动都可以完美解释。但是，如图29所示，如果用这种自然钟来测定地球的自转，就不再是匀速的了：几十年内它会变慢，接下来的几十

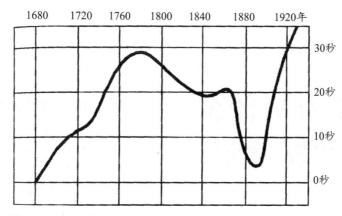

图29　图中曲线是1680～1920年地球自转相对于匀速运动的情况。上升的曲线表示一昼夜的时间变长，也就是说地球自转变慢，下降的曲线表示地球自转变快。

年又会加快，之后又变慢。

图29中的曲线表示1680～1920年地球自转相对于匀速运动的情况。上升的部分表示一昼夜的时间变长，也就是说，地球自转的速度变慢了；而下降的部分则表示地球自转变快了。

由此可以得出，对于太阳系内其他天体的运动，如果它们都是匀速的，那么，相对于它们的运动来说，地球的自转就不是匀速的。事实上，严格的匀速运动跟地球运动的偏差很小：1680～1780年这段时间里，由于地球自转变慢，日子会变得长一些，这将使得地球跟其他天体运动的时间差达30秒；但是，到19世纪中期，地球自转又会变快，日子变短，从而使这个差值减少10秒；到20世纪初，又会减少20秒。到20世纪的前25年，地球自转又会变慢，日子又变长，所以，到今天这个时间差大概又差了30秒。

为什么会有这样的变化，现在还不清楚，可能的原因有月球的引潮力、地球直径的变化等。如果未来有人能够揭开这个谜，将会是一个重大发现。

年月从什么时候开始

在莫斯科，当新年的钟声敲响第12下，表示新的一年来临，但对于莫斯科以西的地区来说，仍然处于前一年的末尾，而对于莫斯科以东的地方，新的一年已经开始。当然，由于地球是个球体，它的东边和西边是相连的。那么，有没有一个界线准确区分新年和除夕、1月和12月，帮助我们知道新的一年从什么时候开始呢？

实际上，这条界线是客观存在的，叫作"日界线"。它是由国际协定规定的，就在经线180°附近，穿过白令海峡和太平洋。

在地球上，所有的年月日交替，都是从这条 日界线 开始的。这条线是地球上第一个进入新一天的地方，就好像所

> 即国际日界线，又称国际日期变更线。它位于地球180°经线附近，是以"格林尼治时间"为标准的日期变更线。

有的日子先进入这道门，然后从这里走出所有的年、月、日，再一路向西，绕地球一周，再回到它诞生的地方，最后落到地平线以下消失。

在俄国，最东边的地方是位于亚洲的杰日尼奥夫角，这里比地球上任何一个地方迎接新的一天都要早。从白令海峡诞生的每个新一天就是从这里走入我们的生活，在环绕地球一周，也就是24小时后，最后在这里跟我们告别。

现在，我们知道日期在日界线上更替，但是，在航海家时代，这条线并没有确定，所以，日期常被搞混了。曾经有一位名叫安东·皮卡费达的人，他在随麦哲伦周游世界时写过这么一段日记：

"7月19日，星期三。今天，我们来到了绿角岛，我们打算到岸上去，我们每个人都有写日记的习惯，但是不知道日期搞错没有，所以必须上岸问一下。令我们诧异的是，当我们问今天星期几时，被告知星期四，但是，根据我们自己的日志记录，今天应该是星期三才对。我们不可

57

能错了整整一天啊……

"后来，我们弄清楚了，原来我们计算日期的方法并没错，只是我们在一直向西航行，也就是一直追着太阳运动，所以，现在又回到了开始的地方，跟当地人相比，我们就少过了24小时。想通了这一点，我们才恍然大悟。"

今天，航海家们在穿过日界线的时候，又是怎么处理的呢？为了使日期不发生混乱，如果他们向西航行，经过这条线时就会把日期往前加一天；反之，如果向东航行，就把日期重复算一天。比如说，在某月的1日，他们向东航行时过了这条线后，仍然记为某月的1日。

据此，我们就可以推断，儒勒·凡尔纳的小说《八十天环游世界记》中描述的事情是错误的。小说中写旅行家环游世界返回故乡时是星期日，实际上，当地还是星期六。在日界线还没有确定的时候，很容易发生这样的混乱。

此外，爱伦·坡提及的"一星期有3个星期天"在今天看来并不是笑话。如果一个水手向西周游世界，走了一圈后回到故乡，正好碰到一位刚从西向东周游世界返回的朋友。他们中的一个人说昨天是星期天，另一个则说明天是星期天，而当地没有出过门的朋友则说今天就是星期天。这是完全可能的。

在环游世界的时候，要想不弄混日期，我们可以这么做：向东走的时候，把同一天计算两次，让太阳追上你；向西走的时候，跳过一天，追上太阳。虽然这说起来很简单，但是，即便现在早已不是麦哲伦时代，很多人也经常弄混。

2月有几个星期五

【题目】2月最多有几个星期五？最少有几个呢？

你可能从来没考虑过这个问题，但是，如果你仔细思考了，再看一下正确答案，可能会让你大吃一惊。

【解答】很多人给出的答案是：2月最多有5个星期五，最少也有4个。理由是：在闰年时，如果2月1日是星期五，那么，29日也将是星期五，所以，最多有5个星期五。

但是，我要告诉你，2月份星期五的数目可能是这个数据的2倍呢！下面，我们来看一个例子。

有一艘轮船在每个星期五都要从亚洲海岸出发，航行于阿拉斯加和西伯利亚的东海岸之间。某个闰年的2月1日正好是星期五，在整个2月份，对于这艘船上的人来说，他们会遇到10个星期五。这是因为，在星期五这天，当轮船向东穿过日界线时，这个星期就有两个星期五。但是，如果这艘船每个星期四从阿拉斯加驶向西伯利亚海岸，那么，在计算的时候，就应该跳过星期五这一天，这样，对于轮船上的人来说，整个2月都不会碰到星期五。

所以，对于前面的题目，正确答案是：最多10个星期五，最少0个。

Chapter 2
月球及其运动

区分残月与新月

当我们仰望夜空时，似乎感觉那弯弯的月牙永远悬挂在那里，但是，它可能是新月，也可能是残月，该如何区分呢？

其实，有一个最简单的方法，就是看它凸出的一边朝哪个方向，基本原则是：在北半球，新月总是凸向右面，而残月则凸向左面。这个辨别方法是由智慧的先辈们发明的，可以帮助我们很容易地区分新月和残月。

在俄国，新月和残月的单词分别是：Растущий（意为"生长"）、Старый（意为"衰老"）。Растущий让人联想到新月，而Старый则让人联想到残月。而且，这两个词还有一个特点，它们的首字母分别为P和C，这两个字母凸出的方向跟新月和残月相同，如 图30 所示。在法国，人们则用拉丁字母d和p区分新月和残月，d和p就像用一条直线把弯月的两头连

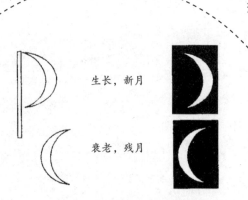

生长，新月

衰老，残月

图30　新月和残月的区分方法。

起来了，dernier（意为"最后的"）的首字母是d，从它的词义可以联想到残月；premier（意为"最初的"）的首字母是p，象征着新月。在其他一些语言中，比如德文，也有这样的例子。

　　不过，如果是在澳洲或者非洲南部，就不能用这个方法了。在那里，人们所看到的新月和残月的凸出方向跟北半球正好相反。此外，在赤道及其附近的纬度带上，如克里米亚和外高加索，也不能用前面的方法，那里的弯月几乎横着，就像漂浮在海面上的一艘小船或者一道拱门。在阿拉伯传说中，把它说成"月亮的梭子"。在古罗马，人们称弯月为luna fallax，翻译过来就是"幻境中的月亮"。如果想在这些地方判断新月和残月，可以采用另一种方法：在黄昏时的西面天空出现的是新月，在清晨时的东面天空出现的是残月。

　　利用这两个方法，我们就可以准确区分地球上任何地方的新月和残月。

月亮画错了

　　自古以来，很多画家都喜欢画月亮。日常生活中，我们也经常看到有关月亮的风景画，虽然画家们能把画面画得非常美丽，但月亮不一定能画正确。

图31 这张画上有一点天文学方面
的错误，你知道错在哪里吗？

如 图31 所示，这是一幅有关月亮的画作，仔细观察不难发现，这幅画有问题：画家把弯月的两个角画成朝向太阳，实际上，应该是弯月的凸面朝向太阳才对。我们知道，月亮是地球的卫星，它本身不发光，我们看到的月光是它反射的太阳光，所以，弯月的凸面应该朝向太阳而不是两个角朝向太阳。

除了要注意上面一点外，还应该注意月亮的内外弧。弯月的内弧呈半椭圆形，这是因为内弧是月球受阳光照射部分的边缘阴影，外弧则是半圆形，如 图32a 所示。关于这个问题，很多画家并没有注意到，所以，在一些绘画作品中，经常看到内外弧都是半圆形的情形，如 图32b 所示。

在地球上看来，空中悬挂着的弯月似乎总是不"端正"，所以，要想画好月亮的位相并不简单。从理论上说，月光来自太阳的照射，所以，太阳的中心点应该位于弯月两角连接线中点的垂线上，

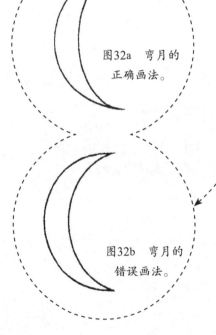

图32a 弯月的
正确画法。

图32b 弯月的
错误画法。

如 图33 所示。在月球上，这条
直线应该呈弧形，但是，跟
弧线两端相比，中间部分
距离地平线远得多，所
以，这些光线看起来似
乎弯曲了。图34中标出
了太阳光线和月亮的相对
位置，可以看出，只有蛾
眉月跟太阳是"正对的"。
当月亮处于其他位相时，太阳
光线似乎是弯曲着照射到月球上，所
以，这样投影成的月亮就不可能"端正"地悬挂在夜空中。

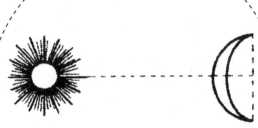

图33 弯月与太阳在天空中的
相对位置。

　　可见，画家要想正确画出月亮，还需要了解一些天文学知识呢。

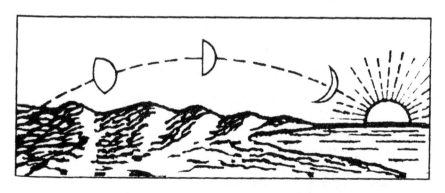

图34 太阳和不同位相的月亮的相对位置。

亲密的"双胞胎"——地球、月球

在所有行星和卫星的关系上，地球和月球可能是最亲密的。不管在大小、质量上，还是在运行轨道上都是这样，它们就像一对双胞胎。

可以说，除了月球，任何行星的卫星都没有这一特点。首先，我们看一下大小，海王星的卫星特里同，在卫星中算是最大的了，它的直径也只有海王星的$\frac{1}{10}$，但是，月球的直径是地球的$\frac{1}{4}$。再来看一下质量，在太阳系的卫星中，木星的第三颗卫星质量最大，大概是木星质量的千分之一，而地球的质量只有月球的81倍。在上表中，我们列出了几颗卫星与其所从属的行星的质量比。我们可以从中更直观地理解地球和月球的关系。

相对其他行星与其卫星间的距离而言，月球跟地球之间的距离要近得多。你可能会说，它们之间的距离大概有380000千米呢！但要知

行星	卫星	卫星与行星的质量比
地球	月球	0.0123
木星	甘尼米德	0.0008
土星	泰坦	0.00021
天王星	泰坦尼亚	0.00003
海王星	特里同	0.00129

木星

地球 ● 月球

木卫九

图35 月球与地球距离跟木星的卫星与木星距离的比较图，相对来说，
月球与地球的距离非常近。图中星球本身并没有按实际比例来表示。

道这个距离只有木星与其第九颗卫星间距离的 $\frac{1}{65}$，如图35所示。所以，我们说地球跟月球非常亲密是有道理的。

作为地球的卫星，月球时刻都在围绕地球旋转着，与此同时，地球也在围绕太阳公转，它们的运行轨道非常接近。月球围绕地球旋转时的轨道长2500000千米，在它旋转一圈的同时被地球带行的距离是70000000千米，大概相当于月球一年路程的 $\frac{1}{13}$。可以想象，如果我们把月球的轨道拉伸到现在的30倍，那么，它的轨道将不再是圆形。所以说，除了几段凸出部分外，月球绕太阳的运行轨道跟地球的轨道几乎重合。在图36中，标出了1个月中地球和月球的运行轨迹，图中的虚线表示地球的轨迹，实线则表示月球的轨迹。可以看出，除非选择非常大的比例尺，

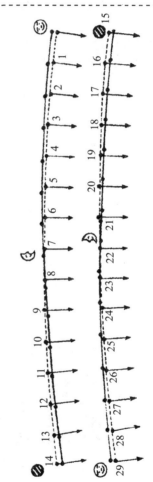

图36 实线和虚线分别表示月球和地球在一个月中绕日运行的路线，二者几乎是重合的。

从图36中，我们还可以看到，月球的运行并不是绝对匀速运动，它环绕地球的轨道也是椭圆形，地球就位于这个椭圆的焦点上。月球轨道的偏心率大概是0.055，在天文学上，这个偏心率是非常小的。根据开普勒第二定律，当月球距离地球较近时，它运行的速度明显比月球离地球较远时要快。

否则，很难区分开这两条距离非常近的曲线。在这个图中，地球轨道的直径大概是 0.5米。如果把地球轨道的直径画成10厘米，要想再区分开这两条轨道，几乎是不可能的事情。此外，由于我们也在时刻参与地球的轨道运动，所以无法看出两条轨道是否在一起前进。但是，如果我们站在太阳上观察，就会发现，月球的轨道将是一条呈小波浪状、跟地球轨道几乎重合的曲线。

太阳为什么没有把月球吸引到身边

月球为什么没有被太阳的引力吸引到身边呢？这似乎是个奇怪的问题，别急，我们先来看看太阳和地球对月球的引力到底有多大。

要想计算它们的大小，需要考虑两个因素：一是地球和太阳的质量，二是它们跟月球的距离。太阳的质量是非常大的，大概是地球的

330000倍，单从质量来说，太阳的引力是地球的330000倍。而地球到月球的距离大概是太阳到月球距离的$\frac{1}{400}$，从距离上看，地球更有优势一些。由于引力跟距离的平方成反比，那么太阳对月球的引力就是330000倍的$\frac{1}{400^2}$。所以，太阳对月球的引力是地球对月球引力的$\frac{330000}{160000}$倍，也就是2倍多。

我们再回到前面的问题。既然太阳对月球的引力这么大，为什么没有把月球吸引到身边呢？事实上，这跟前面一节中提到的亲密的"双胞胎"也有一定的关系。太阳不仅对月球有引力，对地球也有引力，但太阳的引力对它们的内部关系并没有影响，正是如此，才使得地球和月球的运行路线变成现在的样子。具体可参考图36。由于月球和地球很亲密，因此太阳的引力并非只作用于单个星体，而是作用于连接它们的直线上，也就是它们组成的整个系统的重心上。确切地说，这个重心在地球的外面，在地球半径长度以外的地方，而且，地球和月球围绕这个中心每旋转一周的时间正好是1个月。这就是月球没有被太阳吸引到身边的原因，同时也是地球没有被太阳吸引到身边的原因。

看看月亮的脸

在我们看来，满月就像一个平面圆盘，这是因为人们在看远处的物体时，双眼得到的图像基本相同，不能形成立体的图像。但如果我们用立体镜来观察，就会发现它不是平面的。因为立体镜是根据双眼的视差原理做成的，可以让我们看到立体图像，所以，通过立体镜看的时候，月亮将是一个真正的球形。

但要想拍下月球的立体影像并非易事，因为月亮总是有一部分被遮住，除非拍摄者了解月球的不规则运动，否则很难拍出一张月球实体照片。另外，拍摄方法也很重要。实体照片是成对的，有时候拍了一张后往往需要等好几年才能拍到另一张。

我们来看一下如何才能得到月亮的立体图。月亮距离我们很遥远，对这么远的物体，我们的双眼是无法形成立体图的，要想得到月亮的立体图就必须从两个不同的地方取景，而且，这两个地方之间的距离不能小于它们到月球的距离。通过计算可以得出，月球到地球的距离大概是380000千米。在拍这样两张照片时，其中一张应该是月面中心的一点，另一张应该偏离月球经度1°，这样才能最后得出立体的图片。换句话说，这两个点的距离应该不小于6400千米，大概等于地球的半径。

其实，我们能拍出月亮的立
体图，还应该感谢月球围绕地
球旋转的椭圆形轨道。月球
自转的同时，也在围绕地球
旋转，而且，它们旋转一周
的时间是相等的，月球始终
以同一面朝着地球。正是由于
月球的椭圆形绕地轨道，才使得
我们能够看到它的侧脸。

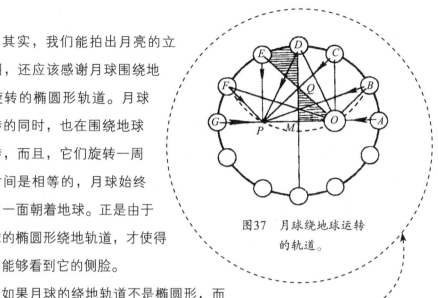

图37　月球绕地球运转
的轨道。

如果月球的绕地轨道不是椭圆形，而
是圆形，那么，我们将永远看不到月亮的立体图片。如 **图37** 所示，
图中标出了月球绕地球运转的椭圆形轨道。为了清楚起见，图中的轨
道画得扁了一些。图中的点O是地球的位置，它位于椭圆的一个焦点
上。根据开普勒第二定律，月球从点A到点E大概花了一个月的$\frac{1}{4}$的时
间。由于MOQ和DEQ的面积大约均等，所以，MOQ + OABCD=DEQ +
OABCD，即MABCD=OABCDE。即图形OABCDE与MABCD的面积相
等，都是整个椭圆的$\frac{1}{4}$。也就是说，在$\frac{1}{4}$个月中，月球的运行路线是
A到E。而月球自转是匀速的，在$\frac{1}{4}$个月的时间里它旋转了90°。在月
球到达点E时它从A点绕地球旋转扫过的角度大于90°，这就使得月球
的脸越过了点M，朝向了点M的左边，在月球轨道的另一个焦点P附近
某处。这时，对于地球上的我们来说，可以从右边看到月球侧面的边
缘。当月球运动到点F时，∠OFP比∠OEP小，这时的边缘更窄。点G

为月球轨道的"远地点"，月球到达这个点的时候，跟地球的相对位置与它在"近地点"A时是相同的。当月球沿着轨道继续运动，拐弯走向反方向时，我们就会看到跟前面那个侧脸边缘相对的另一边，这条边先是慢慢变大，然后又慢慢变小，最后在点A处消失。

正是由于这个原因，我们可以在地球上看到月球正面边缘的细微变化，就像围绕一架天平的中心点左右摆动，所以，在天文学上，又把这种摆动称为"天平动"，天平动的角度接近8°，确切地说是7° 53′。

月球在轨道上移动时，天平动的角度会发生变化。在图37中，我们以点D为圆心，用圆规画一条通过焦点O和P的弧，这条弧线与轨道的交点为点B和F。∠OBP等于∠OFP，也等于∠ODP的一半。于是，天平动在点B到达最大值的$\frac{1}{2}$，然后又慢慢变大。到了点D和点F之间时又慢慢变小，一开始的时候，变小的速度很慢，后来速度慢慢加快。到了轨道的下半段，天平动的大小变化跟上半段相同，只不过方向正好相反，这就是月球的"经天平动"。此外，有时我们会从南面看到月亮的侧脸，有时又会从北面看到，这是因为月球赤道平面跟月球的轨道平面成6.5° 的夹角，这就是"纬天平动"，纬天平动最大可以达到6.5°，也就是说，我们可以看到整个月亮的59%，只有41%是完全看不到的。

利用天平动，摄影家可以拍摄出月球的立体图。我们在前面提到过，这需要拍摄两张照片，其中一张应该是月面中心的一点，另一张应该偏离月球经度1°，只有这样，才能得出立体的图片。比如说，在点A和点B，点B和点C，或者点C和点D等。虽然在地球上我们可以找出很多位置拍出月球的立体图片，但由于这些位置跟月球的位相差距是1.5～2个昼夜，所以有些照片拍出来后会亮得发白。这是因为，拍第一张照片的时候还处于阴影中的一小部分，但再拍第二张时，它已经走出了阴影。所以，要想拍出完美的月亮立体图片，就必须等到月亮再出现在相同的相位，并且保证前后两次拍摄时月面的纬天平动完全一致。

有没有第二个月球

著名科幻作家凡尔纳在《环游月球记》中，提到了地球的第二卫星，即第二个月球。他把第二个月球描述成一个体积非常小、速度非常快的星球，地球上的人们根本看不见它。持这种想法的人不只凡尔纳一个人，曾经有报纸以新闻的形式报道，称有人发现了地球的第二卫星。

那么，到底有没有第二卫星呢？关于这一点，众说纷纭。根据凡尔纳的说法，法国天文学家蒲其不仅认为确实存在第二卫星，而且还推算出它到地球的距离是8140千米，围绕地球运转一周的时间是3小时20分钟。但是，英国的《知识》杂志几乎全盘否定了这一说法，并称根本就没有蒲其这个人，也不存在什么第二卫星。实际上，蒲其并不是凡尔纳捏造的，历史上的确有过一位名叫蒲其的天文台台长，他也的确支持第二卫星的说法，认为第二卫星距离地面大概5000千米，围

绕地球运转一周用时3小时20分钟，是一颗流星。但是，由于当时几乎没有人同意这一说法，没多久就被人们淡忘了。

我们不妨假设真的有第二卫星存在，并且距离地球很近，这样，它旋转时就会被地球阴影覆盖，不过，每天黎明和黄昏的时候，或者它每次经过月球和太阳的时候，我们都应该能看到这颗卫星。如果这颗卫星运行速度非常快，那它过往的频率应该比月球高多了，这样，我们应该可以经常见到它才对。所以，如果这颗卫星真的存在，日全食的时候天文学家也会发现。但是，迄今为止没有人发现过它的踪影，所以，我们基本可以推断，第二卫星根本不存在。不过如果仅从理论上探讨，第二卫星是否存在跟科学理论并不冲突。

除了"第二卫星"之外，有人认为还存在围绕月球旋转的其他小卫星。不过很遗憾，迄今为止，也没有人发现这颗小卫星的存在，天文学家穆尔顿曾经说：

> "满月时，月亮的反射光和太阳光让我们根本看不清月亮周围是否存在小卫星。在月球附近的天空没有漫射月光，也就是月食时，太阳光才有可能照亮传说中的小卫星，才可能发现它们。但直至现在，我们并没有发现过它。"

所以，传说仅仅是传说。但人类的这种探索精神，总是可以给我们带来惊喜。

在地球的周围，环绕着生物赖以生存的大气层，但是，月球上却没有大气层，为什么呢？关于这个问题，我们需要先了解一下大气的存在条件。

为什么月球上没有大气层

空气是由分子组成的，而分子总是胡乱地朝四面八方快速运动。分子在0℃时的平均运动速度大概是0.5千米/秒，这相当于子弹出膛后的速度。但由于地球引力的存在（分子所有的运动几乎都消耗在了抵抗这个引力上），空气中的分子被束缚在了地面上。

速度v和重力加速度g之间有下列关系：

$$v^2 = 2gh$$

其中，h为高度。如果在接近地球的表面有一群分子以0.5千米/秒的速度竖直向上运动，那么，我们就可以通过上面的式子计算出这些分子到达的高度（取$g = 10$米/秒²），即：

$$500^2 = 2 \times 10 \times h$$

则有：

$$h = \frac{250000}{20} = 12.5 千米$$

你可能会对这个结果感到困惑：要是空气分子只能飞行到12.5千米的高度，那在这个高度以上的空气分子又是从何而来呢？即便在500

氧气一般存在于地球的表面，大部分是通过雨水带到地面的过氧化氢分解而来的，另外，还有一些是通过植物的光合作用由二氧化碳转换成的。

千米的高空，仍然存在着少量的 氧气 。这些氧气分子是怎么到达500千米的高空，并且一直在这个高度上存留的呢？实际上，前面分析的数字是所有空气分子的平均数。实际情况下分子的运动速度都不相同，有的运动非常快，有的却非常缓慢，但绝大多数分子的运动速度都处于中间值。用具体的数字来说明就是：如果把一定体积的氧气放于0℃的环境中，那么，分子速度在200～300米/秒的占17%；速度是400～500米/秒和300～400米/秒的部分，各占20%；速度在600～700米/秒的分子大概占了9%；700～800米/秒的有8%；只有1%能达到1300～1400米/秒，此外，还有非常少的分子达到3500米/秒的速度，不过它们只占不到1/1000000的比例。根据前面的公式，

$3500^2=20h$，所以，$h=\dfrac{12250000}{20}$ 米，大概为600千米。也就是说，那些速度最快的分子完全有可能飞到600千米的高度。

虽然这部分速度最快的分子可以飞到600千米的高空，但这一速度并不足以使它们脱离地球引力的束缚。不管是氧气、二氧化碳、氮气，还是水蒸气，要想脱离地球的引力，它们的速度至少要达到11千米/秒才行。哪怕是质量最轻的氢气，速度减少到原来一半需要的时间大概是数万年。这就是地球能吸引住大气层的原因。

下面，我们再来分析一下月球上为什么没有大气。前面提到，地球之所以可以留住空气分子，主要是因为地球引力的影响，但在月球上，重力只是地球的 $\dfrac{1}{6}$。也就是说，只要消耗在地球上 $\dfrac{1}{6}$ 的力气，空气分子就可以摆脱月球的引力，通过计算可得出，这时分子的速率只

要大于2360米/秒，就可以飞到太空当中，其实，在普通的温度下，大气中氧气和氮气分子的速度就可能完全大于2360米/秒。根据气体分子速度的分配定律，在速度极快的分子飞散后，速度慢的空气分子也能获得临界速度，从而挣脱月球的束缚，所以，在月球上，大气层根本待不住。在一颗行星上，如果大气分子的平均速度达到临界速度的$\frac{1}{3}$，在月球上就是790米/秒，那么，几个星期之后，大气分子就会完全消散掉，只有当空气分子的速度在临界速度的$\frac{1}{5}$以下时，它才能留在行星的表面。根据这一点，我们可以得出，在一些小行星或者行星的大多数卫星上，由于重力不够大，它们上面很难有大气存在。

有些天文学家曾经想把月球改造一下，通过人工的方法合成大气，使月球成为适合人类居住的"第二地球"。但是，月球环境是根据物理法则、经历漫长时间形成的，"改造"它谈何容易。

月球究竟有多大

我们通常用数字来描述一个物体的大小。科学家在很早以前就测算出了月球的一些数据，比如说，月球的直径有3500千米，表面积相当于地球的$\frac{1}{14}$。但是，即便知道这些数据，月球究竟有多大，从这些抽象的数字中我们还是得不出直观的印象。怎么才能获得具体的印象呢？最有

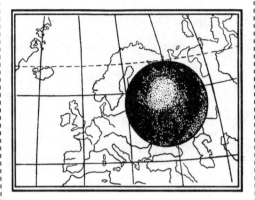

图38　月球与欧洲大陆的比较图。

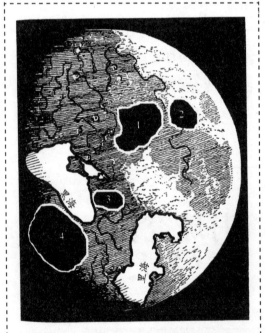

图39　地球上的海与月球上的海的
比较图。图中1为云海，2为湿海，
3为汽海，4为澄海。

效的方法就是把它跟我们熟悉的东西进行比较。前面提到过，月球和地球是"双胞胎"，所以，我们不妨把月球跟地球进行一下比较。

月球的表面被一片大陆覆盖，我们就用地球上的大陆跟它进行一下比较，如图38所示。单就表面积看，月球比南北美洲稍小一些，月球始终朝向我们的那面的面积跟南美洲差不多。

月球的表面积并不大，但月球上的环形山面积却非常大，地球上的任何一座山都没法跟它比。比如说格利马尔提环形山，它所环抱的月面面积比贝加尔湖还要大，比瑞士和比利时这些小国家的面积更大得多。

虽然这些环形山比地球上的山脉要壮观雄伟，但是，地球上的海洋则比月球上的"海"气派得多。不过，月球上的海是我们虚构的，只是为了方便比较。如图39所示，这是根据比例尺在月面上画出的黑海和里海，在地球上，黑海和里海并不算大，但如果放在月球上，它们可算是非常大了，月球上澄海的面积大概是170000平方千米，这只相当于里海的$\frac{2}{5}$。

通过这些对比，相信读者已经对月球的大小有了一个具体的印象。

如图40所示，如果给我们一架直径3厘米的小型望远镜，就可以把月面上的环形山和环形山口等尽收眼底。但是，如果可以在月球上亲眼目睹这些景象，一定超出我们的想象，在地球上看月亮，毕竟显得不那么真实。

神奇的
月球风景

图40　月面上的环形山。

图41　月球上的巨型环形山的剖面图。

从远处欣赏全貌跟从近处细致观察一个物体，差别非常大。就拿月球上的埃拉托色尼环形山来说，在地球上看，它的中间还有一座高山，只能看清它的轮廓。如果只看侧影，如图41所示，它的直径大概是60千米，环形山口的直径跟拉多加湖到芬兰湾的距离差不多。这么长的山坡应该非常平缓，所以，即便这座山非常高，也并不险峻。如果走在这个环形山口里面，我们可能都感觉不到是在山上。还有一个原因，也会使高山变成缓坡，就是山体低的地方被月面的凸度遮挡了。月球的直径是地球短直径的3/4，所以，在月球上，"地平线"的范围也小得多，大概只有地球的1/2，这样，我们就可以计算出月球的 地平线 范围，即：

> 计算"地平线"的方法，参阅本书作者所著的《趣味几何学》。

$$D = \sqrt{2Rh}$$

其中，D为地平线的距离，h为眼睛高度，R为地球的半径。对于一个普通人来说，他在地球上看到的最远距离不超过5千米。如果把这个数值代入上式，可以得出，在月球上，这个人可以看到的最远距离为2.5千米。

如图42所示，这是观察者站在一个巨型的环形山口看到的画面。从图中可以看出，那里只有广阔无垠的平原，连绵起伏的山峦铺展在地平线上。这跟我们印象中的环形山口形象很不一样，我们无法想象图41中的缓坡原来是一座高山。在月面上，很多小环形山口是月球风光的重要组成部分，跟环形山不同，这些小环形山口并不高。人们给月球上的山脉起了很多名字，比如高加索、阿

图42　站在月面上的环形山口所见到的画面。

图43　在望远镜里观测时，派克峰看起来
非常险峻。

尔卑斯以及亚平宁等，这些山脉的高度都是七八千米，虽然跟地球上的一些山脉差不多高，但由于月球比地球小得多，就使得它们看起来非常高大。

在月球上，还有一座山峰叫派克峰，如果用望远镜来看它，轮廓非常清晰，看起来很险峻，如图43所示。但实际上，如果亲眼目睹

图44　如果站在月面上观看派克峰，派克峰显得非常低矮。

一下，你一定会大失所望，你所看到的只是一个凸出地面的小山丘而已，如图44所示。这是因为，由于月球上没有空气，会使得阴影比地球上清楚得多。如图45所示，桌子上是半颗豆子，它的凹面朝下，可以看出，阴影的面积是其身长的5～6倍。同理，日光照射到月球表面的物体时，阴影可能是这个物体本身高度的20倍，所以，即便物体的高度只有30米高，我们也可以清晰地看到。当用望远镜看月球的时候，会放大月面上的小凹凸，因而使人们误以为它们很高大。

图45　半颗豆子在光线投射下长长的影子。

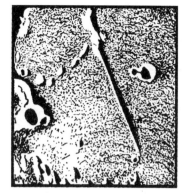

图46 望远镜中可以看到的
月面上的"直壁"。

图47 如果站在月面上的"直壁"脚下看，
"直壁"显得高而陡峭。

图48 在月面裂口附近所见到的情景。

有时候，也可能会出现相反的问题，让我们忽视一些重要的地形。我们可以通过望远镜看到一些狭窄得可以忽略的"缝隙"。实际上，它们却可能是一些延伸到地平线外的深不见底的岩壑。在月球上，有一种断岩被称为"直壁"，如图46、47所示，它们矗立在月面上，延伸到"地平线"外，长达100千米，高达300米，非常壮观。如果仅从地球上观察，我们根本不可能把这两幅图联系起来。

如图48所示，这是通过望远镜看到的月面上的裂口，实际上，它们是一些非常大的洞穴。

月球上的奇异天空

在月球上看天空跟在地球上看差别很大。如果我们可以在月球的表面自由行走，引起我们注意的肯定是那里与众不同的天空。

一、漫天黑幕

法国天文学家弗拉马利翁对天空曾有这样一段描述：

"在蔚蓝明净的天空下，晨曦是艳红的，晚霞是壮丽的，沙漠、田野和草原的景色令人迷醉，湖水像镜子一样映照着蔚蓝的天空。这美丽的一切，都归功于那一层轻轻的大气。如果没有这层大气，这些美好的画面都将消失。蔚蓝的天空将变成无边的黑暗，日出和日落时的壮美景色也不复存在，昼夜更替也不再分明，有日光的地方会非常炙热，而日光照不到的地方将是一片黑暗。"

这段文字形象地解释了地球上所见到的天空为什么是蔚蓝色，一切是因为有了大气层。后面那些描述，其实就是在月球上看到的天空景象。

不管是白天还是夜晚，月球的天空都被无边的黑暗笼罩，只点缀着数不尽的繁星，由于月球上没有大气层，星星看起来比地球上耀眼多了，也不会闪烁。而且，月球上白天的太阳光非常炽热。

曾经有探险者搭乘俄国的平流层飞艇"自卫航空化学工业促进会"号到21千米处的高空，在那里，他们看到的是黑色的天空。也就是说，如果大气层变薄一些，地球上的天空也就不再是这样蔚蓝。

二、悬在头顶的地球

在月球上，我们会看到一个巨大的悬在空中的地球。原来地球是在我们脚下，现在却挂在了头顶。其实，这没什么奇怪的，在宇宙中，上下本来就是相对的。当我们站在月球上时，地球是相对在上面的。

那么，在月球上看地球是怎样的呢？在普尔柯夫天文台，曾经有一位天文学家叫季霍夫，他对此有专门的研究，下面是他的描述：

"在其他星球上看地球，所看到的是一个发光的圆盘，根本看不到地球上的任何细节。这是因为，当日光照射地球时，还没有到达地面就被大气以及一些杂质漫射到了空中。即便地面本身也反射光线，但是，通过大气漫射后，将变得非常微弱。"

由此可见，如果在月球上看地球，看到的将是被云朵半遮半掩的地面，由于大气层漫射了日光，地球将显得非常明亮，以致没法看清楚细节。曾经有人以为，在月球上看地球，应该像看地球仪那样，可

以看到地表景观的轮廓，实际上，这是不可能的。

此外，在月球上看地球，我们会觉得地球非常庞大，直径是在地球上看到的月球直径的4倍，面积是月球的14倍。地球表面的反射能力也比月球大多了，大约是月球的6倍，所反射的太阳光自然要比月球反射的多得多，所以，从月球上看地球的亮度是满月光辉亮度的 89倍 。换句话说，相当于夜空同时有近90个满月照向地面，而且没有大气层的阻挡，这样的夜晚将多么明亮！在地球的"照耀"下，哪怕是在夜晚，月球也会跟白昼一样明亮。其实，正是有了地球的反射光照射，我们才可以在地球上看到400000千米之外的新月的凹面，即便照射不到日光的地方仍然可以看到微光。

> 丁铎尔在《讨论光线》一书中写了这样一段话："就算日光被黑色物体反射，也仍然是白色的。所以，即便月亮被阴影笼罩，看上去，它仍然像一面银盘。"其实，就月球上的土来说，它们反射日光的能力跟潮湿的黑土差不多，都是主要通过漫射来反射光线，即便如此，这也只比维苏威火山的岩浆漫射得稍微弱一些。月光是白色的，月球上的土却是暗黑色的，而不是很多人所想象的白色，关于这一点，并没有什么矛盾。

相信大家一定还记得前面提到过的月球运转：月球始终只有一半朝向地球。这使得在月球看地球时表现出另一个特征，即地球总是悬在月球上空的某个固定位置，从来不动，不像其他星星那样升起落下。但在它后面有无数星星在旋转，每转一周大概是 $27\frac{1}{3}$ 个地球昼夜；太阳也在转，每转一周大概是 $29\frac{1}{2}$ 个地球昼夜；其他一些行星也在慢慢旋转，只有地球在黑色的天幕下一动不动，俯视月亮。不管我们在地球的什么地方，都可以看到月亮，但如果在月球上，则不是这样。如果在月球上的某点看到地球悬在头顶，那么，你会一直看到地球悬在头顶；如果到了另一个地方，你看到地球在地平线上，那么，你也只能永远看到地球在地平线上。

有时候在月球上看地球，也可以看到地球的摆动。比如，在月球上"地平线"的地方，好像地球会沉下去，不过，又会立刻升起来，于是，就画出了一条奇怪的曲线，如图49所示。其实，这是由月球的天平动引起的。在月球的天空中，地球并非完全固定，而是在一个平均位置附近南北摆动，角度大概是14°，东西摆动的角度是16°。只有在"地平线"上才有这种现象，其他地方没有。虽然地球一直在某个地方停留，但它自转一周仍然需要24小时。所以，如果可以在月球上透过大气观察地球，地球完全可以作为一座时钟，而且非常准时。

我们经常说"月有阴晴圆缺"，这一论述是基于在地球上看到的月球变化得出的。实际上，由于地球相对月球也有位相变化，因此，如果在月球上看地球，也会看到这种情景。在月球上看地球时，也会看到圆盘或者新月状，形状的宽窄由地球被太阳光照射的部分有多少面对月球来决定。此外，在地球上看到的月亮形状，跟在月球上看

图49　在月球"地平线"的地方，地球有时沉下去，瞬间又
升起来，图为地球运动路线。

图50　月球"朔地"示意图。

到的地球形状正好相反。比如，在地球上看不到月亮时，即朔月，那么，在月球上肯定可以看见一个圆圆的地球——"满地"；反过来，当在地球上看见满月时，月球上看到的便是一个黑色圆球外面带着明亮的圆圈——"朔地"，如图50所示。

前面提到，地球上的大气层会漫射太阳光，所以，我们根本看不见朔月，这时，月球通常位于太阳上下（有时相离5°，差不多是其直径的10倍），而且，这时的月球会有一条被太阳照得非常亮的银线。

不过，由于太阳光太亮了，很容易就把这条窄边遮盖了，只有在春天的某些时候，我们才有可能在朔月的后两天看到，其实，这时的月亮已经离太阳很远了。在月球上看地球，则不是这样。由于月球上没有大气，因此在太阳的周围没有光芒，从而导致恒星和行星都不会消失，只要不遇到日食，地球一定会在黑色的天空出现。如 图51 所

图51　只要不遇到日食，地球一定会在黑色的天空出现，露出它狭窄的面孔。

示。如果在月球上看地球，"朔地"的两角是背向太阳的，而且会跟着地球向太阳的左边运动。由于我们的肉眼跟月球和太阳的中心并不在一条直线上，因此，如果在地球上用望远镜观察月球，也可以看到这样的现象：满月的时候，月面并非是一个正圆形，而是少了一条很窄的边。

三、月球天空中的食象

在地球上，我们经常看到日食或者月食，在月球上是否也有这一现象呢？

答案是肯定的，在月球上，也有两种食象：一是日食，另一是"地食"。地球上看到月食时，说明地球处于太阳和月球的连接线上，这时月球被地球的阴影笼罩，而此时在月球上能看到的是日食，而且比地球上精彩多了。这时，在月球天空中的那个黑色圆形地球面，会出现一条紫红色的边，如图52所示。我们知道，月食的时候，也可以在地球上看到月亮黑色的圆盘边缘有一圈樱红色的光，这是由地球上的大气形成的紫红色光进行照射形成的。

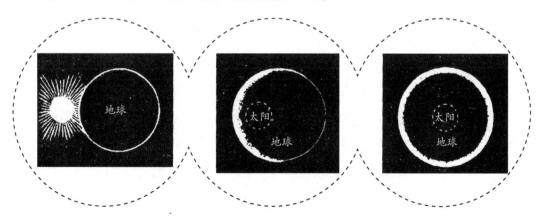

图52 月球上的日食。

在地球上看到月食时，在月球上就会看到日食，所以，月球上日食的时间跟地球上的月食正好相同，长达4小时，但是，地球上的日食和月球上的"地食"却都只有几分钟。月球上发生"地食"时，在月球上只能看到一个小黑点在地球圆面中不停移动，小黑点经过的地方就是地球上可以看到日食的地方。

在太阳系中，只有在地球或者月球上可以看到食象，其他任何一个行星都不满足条件，即当太阳被月球遮挡时，月球到地球的距离跟太阳到地球的距离之比大概等于月球的直径跟太阳的直径之比。

天文学家为什么热衷于研究月食

月球处于地球的背光部分时，就会被地球遮挡住某块区域的太阳光，所以，我们会看到月球好像少了一部分，这就是月食。

在很多个世纪以前，先辈们就通过研究月食发现了地球的形状是圆的。在一些古天文学书籍中，有很多关于月面上的阴影和地球形状的关系的记载，如图53所示。麦哲伦就是基于这一点开始了他数年艰辛的环球航行。曾经跟麦哲伦一起环球航行的人说："教会不停地教导我们，地球是一个被水包围的大平面，但是，麦哲伦仍然坚持自己的看法。他觉得，出现月食说明地球的影子应该是圆的，那么，既然影子是圆形的，这个物体本身也应该是圆的才对……"

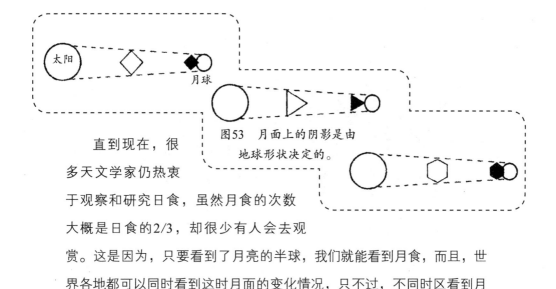

太阳

月球

图53　月面上的阴影是由
地球形状决定的。

直到现在，很多天文学家仍热衷于观察和研究日食，虽然月食的次数大概是日食的2/3，却很少有人会去观赏。这是因为，只要看到了月亮的半球，我们就能看到月食，而且，世界各地都可以同时看到这时月面的变化情况，只不过，不同时区看到月食的时间会不太一样。

由于太阳光会偏折到锥形的阴影内，因此，在月食的时候，我们仍然可以看见月亮。此时月球的亮度和颜色，引起了天文学家的兴趣，通过研究，他们发现，月食的时候，太阳黑子的数量会影响月球的亮度和颜色，而且，还可以测量出没有被太阳光照射的月面的冷却速度。

通过学习，相信大家已经明白了月食研究的重要性。在广袤的宇宙中，仍然存在很多未解的难题和未知的事物，通过对月食进行研究，一定会有更多的发现。

天文学家为什么热衷于研究日食

天文学家经常会跑到世界上任何即将出现日食的地方，哪怕路途遥远又艰险。为了研究日食，他们也无所畏惧。比如说，1936年6月19日，只有在俄国境内才能看到日全食，于是，世界上有10个国家的70位科学家，不远万里来到俄国，就是想看一下历时两分钟的日全食。其中，有4个远征队正好碰到阴天，并没有看到，最终抱憾而归。那时，俄国投入了很多人力、物力，组织了30个远征队。即便在第二次世界大战期间，在那么恶劣的战争环境下，俄国仍然组织了远征队到可以观测到日食的地方。1941年，在拉多加湖到阿拉木图一带会看到日食，俄国的天文学家分布在全食带的整个沿线进行了观测。1947年5月20日，出现在巴西的日食，俄国也派了远征队去观测。天文学家如此热衷于研究日食，是因为日食的发生频率非常低。

那么，什么是日食呢？有时候，日面会被月面遮挡而变暗，甚至完全消失，这种现象就是日食。月球投影到地球上的范围就是可以看到日食的"日全食地带"，它只有不到300千米。而且，在地球上的同一个地点出现两次日食的时间间隔为二三百年。再加上日食时间很短，所以，想跟日食尤其是日全食打个照面，并不是那么容易的。

当月球把太阳遮挡住时，拖在它后面的锥形长影正好到达地面，这时，月球到地球的距离跟太阳到地球的距离之比等于月球的直径跟太阳的直径之比。在这个条件下，在月影锥尖划过的地方就会看见日食，如图54所示。如果从月影的平均长度看，我们根本不可能看到日全食，这是因为，月影的平均长度比月球到地球的平均距离小一些。幸运的是，月球绕地球旋转的轨道是一个椭圆形，它离地球最近的时候是356900千米，最远的时候是399100千米，二者差了42200千米。所以，月影的长度才有可能比月球到地球的距离大，我们也才能够观赏到日全食。

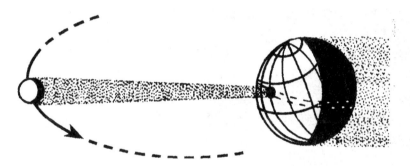

图54　在月影的锥尖划过的地方能够看见日食。

天文学家们为什么对日食那么狂热呢？

其中，很重要的一点就是，日全食可以为我们提供很多珍贵数据和研究机会。

（1）观察"反变层"的光谱。日常情况下，太阳光谱是一条带有许多暗线的明亮谱带，而在日食时，在太阳被月亮完全遮挡的几秒时间里，太阳光谱会变成一条有许多明线的暗谱带，这时的吸收光谱变成了发射光谱。我们常把发射光谱称为闪光谱，科学家常用它来

判断太阳表层的性质。日食时，我们可以清晰地看到这种闪光谱，这对于研究太阳外层的性质很有帮助，所以，对天文学家来说，每次日食都是千载难逢的好机会。

（2）研究日冕。只有在日全食的时候，才会看到日冕。在太阳外层上有一块像火一样的凸出物，称为日珥。这时，在日珥周围的黑色月面上，日冕会表现为五角星状，中心是黑暗的月面。根据太阳活动的大小，日冕的形状也会不断变化。在太阳活动的极大年，日冕会接近圆形；而在太阳活动的极小年，它是椭圆形。如 图55 所示，日食时，我们可以看到不同大小、各种形状的珠光，有时候甚至比太阳的直径还要长很多倍。1936年发生过一次日食，当时人们看到的日冕非常亮，比满月还要亮，珠光的长度至少是太阳直径的3倍，有些甚至更长，这是很难见到的奇观。

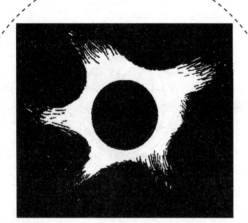

图55　日全食时，黑色月面周围的日冕。

迄今为止，科学家们对日冕的性质一直没有下定论。所以，日食时，他们不得不拍下它的照片，边研究它的亮度和光谱，边研究它的构造。

（3）验证一般相对论在推论天体位置时的正确性。根据一般相对论，星光在经过太阳时会因为受到太阳的强大引力而偏离原

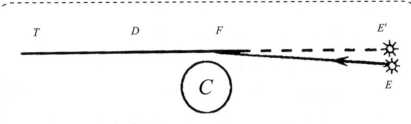

图56　相对论的推论之一。光线在太阳的引力作用下会偏离
原来的位置。按照相对论，站在点T的人看到星光是沿E′FDT
射来，实际上是沿着EFDT射来的。图中的C指太阳，
如果没有它的引力，星光就会沿直线EF射向地球。

来的位置，别的天体也会发生相应的移动，如图56所示。对于这一
点，目前只能在日全食时验证。但到今天为止，仍然无法证实上面的
推论[1]。

　　除了上面的3点，日全食还具有很高的艺术观赏价值。俄国作
家柯罗连科写过一本描写日全食的书，记录的是1887年8月，作者
在伏尔加河岸的尤里耶韦茨城看到的日全食，下面我们摘引其中的
一段：

　　　"太阳隐入一朵巨大的朦胧的斑状云中，当它从云里
钻出来时，已经少了一块……

　　　这时，空中好像出现了一片烟雾，刺眼的光芒也变柔
和了，我甚至能用肉眼直接看它。周围是那么的安静，我
都可以听到自己的呼吸声。不知不觉，半个小时过去了。

―――――――――

　　1　此处所说的星光偏折本身已经得到证实，但在量的方面跟相对论还不能完
全符合，观测结果表明，这个理论在这一现象的有关方面应作必要的修正。

天空的颜色并没有什么变化，悬在高空弯弯的太阳又被浮云遮挡住了。很多年轻人变得非常兴奋。老人们则发出声声叹息，有人甚至发出像牙疼一样哼哼的声音。

天色黯淡了下来。在暗色的光照下，人群变得惊惶起来，河上的轮船已看不清轮廓。光线越来越暗，就像进入了黄昏。景色越来越模糊，草也不再是绿色，远处的山看上去飘忽不定。

太阳变得越来越弯了，但是，我们依然觉得这是一个有些黯淡的白天。这时，我想到了那些关于日食的说法，他们说天色会变得一片黑暗，这未免有些夸张。现在，太阳变得只有一小条，我想，如果没了这一小条，世界真的会陷入黑暗吗？

突然，那一小条没了。瞬间，整个大地被浓重的黑暗笼罩了。我看到从南面蹿出来大片阴影，它很快便把山冈、河流和田野全笼罩了，就好像一条巨大的被单。这时，跟我一样站在岸边的人都变得鸦雀无声。人群也成了密实的黑影……

这跟夜晚可不一样，没有月光，当然也没有树影。空中好像垂下来一张非常稀薄的网，好像还有一些细细的灰尘撒向大地。在一侧的天空中，好像闪烁着一些微光，为大地拨开了一点点黑暗。这时的空中乌云密布，好像里面正在进行猛烈的争斗……在黑暗的幕后，露出了一些变幻的光亮，使得那些景色活了过来。太阳就像被什么东西抓住了，被拽着在天空奔跑。云也像受了惊吓，在空中胡乱逃窜。”

相信大家都听说过人工日食，就是在望远镜中放一个不透明的圆片，把太阳遮住，看上去就像日食一样。所以，你可能会认为，既然可以人工形成日食，为什么还要花那么大的人力物力去观测自然界的日食呢？实际上，人工日食是无法替代自然界的日食的。太阳光线在到达地面之前会先穿越大气层，并产生漫射，这才使我们看到蔚蓝色的天空。虽然人工日食也可以遮挡照射过来的阳光，但是，周围仍然存在漫射光线。而在自然界，月球比大气边界远了数千倍，这一屏障可以阻挡太阳光线照向地球，所以，发生日食的时候，是没有漫射光线的。当然，从严格意义上来说，并不是一点漫射现象也没有，但漫射而来的光线量非常少，只有一点点进入了暗影区，所以，日全食时，天空并不是完全漆黑。

为什么每过18年会出现一次日月食

很早的时候，古巴比伦人就发现，每隔18年零10天，就会出现一次日月食，他们把这一现象称为沙罗周期。古代人就是利用沙罗周期来预测日月食的。虽然很早就发现了沙罗周期，但直到近代，人们才研究出它出现的原因。

一个月指的是月球绕地球运行一周的时间。在天文学上，关于一个月，有5种不同的时间，下面，我们来看其中的两种：朔望月和交点月。

（1）朔望月。指的是两次相同的月面相位间隔的时间，也就是在太阳上看月球绕地球一周花的时间，它等于从上一次出现朔月开始到下一次再出现朔月的时间，为29.5306天。

（2）交点月。所谓"交点"，是指地球公转轨道跟月球绕地轨道的交点。从"交点"开始，月球绕地球一周后再返回"交点"的时间称为交点月。这个时间是27.2123天。

日食和月食形成的条件之一就是朔月或望月正好落在交点上，这时月球中心、地球中心和太阳中心正好在一条直线上。也就是说，从这一次月食开始，到下次再出现同样的月食，间隔的时间必定包含整数个朔望月和整数个交点月。

可以通过下面的方程来计算这一间隔时间：

$$29.5306x = 27.2123y$$

其中，x、y为整数。把这个方程改写成比例式：

$$\frac{x}{y} = \frac{272123}{295306}$$

在上述比例式中，29.5306和27.2123没有公约数，所以，最小的整数答案为：

$$x = 272123$$

$$y = 295306$$

单从这两个数看，就是几万年的时间，这样对我们预测日月食，没有任何作用，所以，天文学家通常取它们的近似值：

$$\frac{295306}{272123} = 1\frac{23183}{272123}$$

在剩下的分数中用分子和分母除以分子：

$$\frac{295306}{272123} = 1 + \frac{23183 \div 23183}{272123 \div 23183} = 1 + \cfrac{1}{11 + \cfrac{17110}{23183}}$$

再把分数$\frac{17110}{23183}$的分子和分母除以分子，一直进行下去，就可以得到下面的式子：

$$\frac{295306}{272123} = 1 + \frac{1}{11} + \frac{1}{1} + \frac{1}{2} + \frac{1}{1} + \frac{1}{4} + \frac{1}{2} + \frac{1}{9} + \frac{1}{1} + \frac{1}{25} + \frac{1}{2}$$

我们只取前面的几节，得到一些近似值：

$$\frac{12}{11}, \frac{13}{12}, \frac{38}{35}, \frac{51}{47}, \frac{242}{223}, \frac{535}{493} \quad \cdots\cdots$$

计算到第五个近似值，对我们来说就足够了，它已经非常精确，当然，如果继续往后计算，将更加准确。如果采用这组数值，即$x=223$，$y=242$，那么，可以计算出日月食的重复周期是223个朔望月，或者242个交点月。如果换算成年，就是18年零11.3天或者10.3天（在这个时期，有可能有4个或者5个闰年）。

前面讨论的就是沙罗周期的原理。根据计算可以看出，这个原理并不是非常准确。所以，我们会把沙罗周期减掉0.3天，以18年零10天为准，根据它计算出的第二次出现同样日月食的时间比实际情况差不多要晚8个小时。

如果重复使用3次沙罗周期来计算，得出的结果跟实际情况正好差一天。月球到地球的距离和地球到太阳的距离都是变化着的，并呈一定的周期性，对于这一点，在沙罗周期中并没有体现。也就是说，利

用沙罗周期，只能推算出下次发生日月食时是哪一天，却无法预测会
发生月偏食、月全食，还是月环食，更无法预测在地球的哪些地区可
以看到它。另外，也有可能上一次出现的日偏食面积非常小，但18年
后出现的日食由于面积太小了，以致我们根本看不见。而且，也有可
能发生相反的情况：18年前根本没看到日食，18年后，人们却在同一
天看到了很小的日偏食。

随着科学的发展，天文学家们已经对月球的运动研究得非常透
彻，甚至可以推测出发生日月食的准确时间，前后相差不超过一秒
钟，沙罗周期因此退出了历史舞台。

地平线上同时出现太阳、月亮

曾经有天文爱好者发誓，在1936年的7月4日，他在观测月偏食时，同时看到了地平线上的太阳和月亮。你可能会说，怎么可能呢？前面说过，发生食相时，月球、地球和太阳在一条直线上。但是，我要告诉你，这件事是真的。

其实，没什么奇怪的，我们说月球和太阳同时出现，这不过是地球上的大气层在跟我们开玩笑呢。地球上的大气会偏折它里面的光线，我们把这种偏折称为"大气折射"。在大气折射的作用下，天体的位置看上去比实际位置高一些（参见图15）。所以，虽然我们看见了地平线上的太阳或月亮，但实际上它们仍然处于地平线以下。

法国天文学家弗拉马利翁也说过："在1666年、1668年以及1750年发生的几次日食中，这一天文现象表现得特别明显。"实际上，1877年2月15日发生月食的时候，在巴黎，这天的太阳在下午5点29分落下，这时，月亮也升了起来，但月全食开始时，太阳仍然位于地平线以上。1880年12月4日，在巴黎，人们又一次看到了这种现象：下午3点3分，月食开始，4点33分结束，月亮是下午4点升起的，而太阳在4点2分的时候才落下，这时的月球正好到达地球阴影的中心。

我们很可能也会看到这样的景象，如果在太阳还没下山或者已经升起的时候出现月全食，我们只要站在能够看见地平线的地方，就可以看到这一奇观。

有关月食的问题

【题目】有没有可能出现这种情况：全年没有月食？

【解答】这种情况很常见，大概每隔5年就会有一整年看不到月食。

【题目】月食会持续多长时间？

【解答】从初食到复原大概是4小时，但如果是月全食，最长不超过1小时50分钟。

【题目】在1年中，最多可能出现几次日食和月食？

【解答】在1年中，发生日食和月食的总数大于或等于2，小于或等于7。例如，在1935年，一共出现了5次日食和2次月食。

【题目】月食从右边还是左边开始？

【解答】在南半球，月球的右边先进入地球的阴影，即月食从右边开始；在北半球，情况正好相反。

有关日食的问题

【题目】有没有可能出现这种情况：全年没有日食？

【解答】不可能，一年至少会看到2次日食。

【题目】日食持续多长时间？

【解答】在赤道地区，日食持续的时间最长，全食是7.5分钟，从初食到复圆结束大概4.5小时，在高纬度地区，日食持续的时间要短一些。

【题目】观测日食的时候，为什么要隔着一片熏黑了的玻璃？

【解答】这是因为，太阳光线非常强烈，即便在日食时有一部分光线被月影遮挡住了，但如果用肉眼观测，强烈的光线会灼伤视网膜上最敏感的部分，甚至可能对我们的视力造成永久破坏，无法恢复。隔着熏黑了的玻璃来观测，可以帮助我们避开这种伤害，方法很简单，用蜡烛把一块玻璃熏黑，只要可以透过这块玻璃去看日面就可以了。通过熏黑的玻璃，我们既可以看见日食，又不会被太阳强烈的光线或光晕伤害眼睛。不过，由于我们事先并不知道太阳的亮度，最好多准备几块黑色的浓淡不同的玻璃。

如果不用熏黑的玻璃，我们还可以把两块不同颜色的玻璃重叠放置，而且最好颜色互补，或者用适当暗黑程度的照相底片来观测。不过，需要注意的是，普通的太阳镜或护目镜是不能用来观测日食的，因为它们根本保护不了眼睛。

【题目】日食时，在日面上会看到一个移动的黑色月影。这个月影向哪个方向移动，左还是右？

【解答】在北半球，这个黑色月影会从右向左移动，也就是初亏（即月影和太阳最先接触的点）一直在太阳的右侧。在南半球，情况正好相反，从左向右移动，如图57所示。

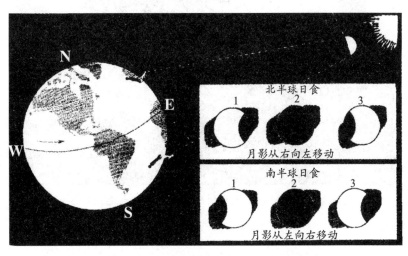

图57 发生日食时，日面上月影移动示意图。在北半球观测，月影是从右往左移动。而在南北球观测，月影是从左往右移。

【题目】日食时，太阳所呈现的月牙形跟蛾眉月的月牙形有区别吗？

【解答】有。日食时，太阳所呈现的月牙形的两边都来自同一个圆圈，是它上面的两道弧（具体可参考"月亮画错了"一节）。而蛾眉月的月牙形，两边不一样，凸出来的那边是半圆形，凹下去的那边是半椭圆形。

【题目】日食时，树叶影子中的光点为什么是图58所示的月牙形？

【解答】树叶影子中的光点就是太阳的成像，所以，这些光点的形状会随着太阳形状的变化而变化。日食时太阳会变成月牙形，光点当然也是月牙形。

图58 日食时可以观测到树叶影子中的光点是月牙形。

月球上的天气是什么样的

由于大气的存在，才使得地球上有了云、雨、风等天气现象。而月球的表面没有大气层，所以，月球上没有我们所谓的通常意义的天气，唯一可称为天气的就只能是月面土壤的温度。

现在，科学家在地球上也可以测量月球的温度。测量的仪器很简单，就是一根由两种不同金属焊接而成的导线，根据热电现象原理，如果导线上的两个焊接点温度不同时，就会有电流穿过导线，这两个焊接点的温度相差越大，通过导线的电流强度就会越大。这时，只要测出电流强度的大小，就可以得出被测量目标传到导线上的热量。别看仪器很小（起作用的部分只有0.1毫克，长度不到0.2毫米），但它非常敏感，甚至可以测出宇宙中13等星传到地球的热量。要知道，13等星距离地球非常远，它所发出的微弱星光只是肉眼可见光最弱亮度的 $\frac{1}{600}$ ，我们只有通过望远镜才能观测到它们。13等星传到地球的热量跟一支蜡烛在几千米以外发出的热量差不多，但这种仪器可以接收到它们的热量，使自己的温度升高大约千万分之一摄氏度。这种仪器不仅可以测量远处天体的温度，还可以测量个别天体不同地方的温度。利用这种仪器，科学家们测量出了月球在不同时间各个部分的温度。

　　我们可以通过望远镜来观测月球的部分影像，观测时，把仪器放在望远镜中图像的位置，就能测量出相应位置的热量。通过这一方法，天文学家测量出的月球温度可以精确到10℃。图59所示的就是测出的月面温度。满月时，月面中心的温度竟有110℃，这个温度比普通气压下水的沸点还高。一位天文学家因此调侃说："如果我们生活在月球上，不需要使用炉子也可以烧熟食物，因为月面中心的每块岩石都可以充当炉子。"月面上其他地方的温度跟它到月面中心的距离成反比。月面中心附近的温度下降得很慢，在距离月面中心2700千米的地方，温度仍然有80℃。但在距离很远的地方，温度下降得就非常快，比如，在月面的边缘，温度是－50℃，在照不到阳光的阴面，温

图59　月面的中央部分温度达到110℃，
远离中心的地方，温度迅速递减。

度非常低，达到了－153℃。

月球上的温差非常大，而地球由于受到大气层的保护，即便在晚上，没有太阳照射，温度也只下降2℃～3℃。但在月球上，月食时，由于表面照射不到太阳，月面温度下降非常明显。在一次月食时，曾经有人测量过月面的温度，结果发现，在1.5～2小时内，月面的温度从70℃下降到了－117℃，温差近200℃。在月球上，温差如此大，主要就是因为没有大气层的保护，此外，月球上的物质热容量很小，导热性也很差。

综上所述，如果想在月球上生活，不仅需要克服空气问题，还需要考虑巨大温差的影响。

Chapter 3
行　星

白天也能看到行星吗

白天也能看到行星？是的。不过，没有夜晚观察得清晰，但天文学家们经常这么做。例如，白天的时候想要观察木星，只要望远镜的目镜半径不小于10厘米，就可以观察到木星，还可以区分出木星上的云状带。至于水星，白天反而比夜晚看得更清楚。因为在夜晚，水星在地平线以下，有时还可能受到大气层的影响，水星看上去很模糊，甚至根本看不到。但在白天，水星在地平线以上，观察起来比夜晚方便得多。

观察行星并不是一件难事，有时用肉眼就可以看到。比如金星，在宇宙中，它被称为最亮的行星。在金星最亮的时候，我们用肉眼就可以直接观测到。法国天文学家弗朗索瓦·阿拉戈曾经讲了一个故事："那天中午，空中出现的金星把人们的眼球全吸引了过去，拿破仑因此受到了冷落，这让他感到十分懊恼。"

用肉眼观察金星的时候，不需要到空旷的地方，即便在都市的街头，一样可以观测到，而且可能效果更好，更容易发现它。这一点跟金星的亮度有关系，因为金星的亮度非常大，如果在街道上观察，道路两旁的高大建筑物会遮挡日光，使日光直射的威力小很多，这样，人们眼睛受到的损伤也更少，所以，观察起来更方便。

由于用肉眼就可以观测到金星，因此在历史中有很多关于它的记录。比如，俄国的文献资料《诺夫哥罗德编年史》中记载有：1331

年，白天观察到了金星。那么，白天看到金星有没有什么规律呢？根据科学考察，人们发现，差不多每隔8年，就可以在白天看到一次金星。

如果读者朋友对宇宙感兴趣，并且喜欢观测行星，就应该记住8年才有一次的机会。这时，你不仅能看到金星，甚至能看到水星和木星。

前面，我们提到了行星的亮度。于是，有人可能会问：金星、水星和木星到底哪个更亮呢？由于它们出现的时间不同，根本没法进行比较。天文学家们对此进行了观察研究，结果发现，五大行星的亮度由强到弱依次是：金星、火星、木星、水星、土星。

在后面的章节中，我们会分别讨论它们的具体情况。

月		球	☾
水		星	☿
金		星	♀
火		星	♂
木		星	♃
土		星	♄
天	王	星	♅
海	王	星	♆
冥	王	星	♇
太		阳	☉
地		球	♁

图60　太阳、月球和各大
行星的符号。

古老的
行星符号

如图60所示的古老的符号，天文学家们至今仍在沿用，它们代表着宇宙中的太阳、地球、行星等，下面，我们来看一下它们各自代表什么。

图中第一个符号代表月球是一目了然的；第二个符号代表水星，图标是墨丘利拿着拄杖，墨丘利是水星的保护神，也被人们称为天上的商业神；第三个符号是一面手镜，表示金星，这个形象代表女神维纳斯，象征爱与美；第四个符号是矛与盾的符号，表示火星，因为火星的保护神是战神马尔斯；第五个符号是草体字母Z，表示木星，这个符号最特殊，它不代表任何东西，但也不是一个简单的字母，它表示宇宙之王宙斯；第六个符号表示土星，按照弗拉马利翁的观点，这是"时间的大镰"被扭曲后的样子。

在公元9世纪的时候，人们就开始使用这些符号了。但后来又陆续发现宇宙中的其他行星，因此又增加了一些新的符号。天王星的符号是在圆圈上面画了一个H，设计者以此来纪念它的发现者赫歇尔（Herschel）。海王星的符号是三股叉，代表海神波塞冬。**冥王星**是最晚发现的，它的符号由两个字母PL合成，代表地狱之神普鲁托（Pluto）。

> 21世纪以来，人们陆续发现了比冥王星的体积和质量更大的行星。2006年8月24日，国际天文学民间联合会通过了一项决议：把冥王星看作太阳系的"矮行星"，即不再把它作为大行星。在本书中，我们为了尊重原著，仍然把它作为大行星来介绍。

除了上面提到的这些行星，我们还应当加上最熟悉的地球和太阳。不过，它们的符号（图60中最下方的两个）很简单，一目了然。早在几千年前，古埃及人就设计并开始使用太阳的符号。至于其他的，这里不再赘述。

其实，这些符号除了表示行星外，还被用来表示一星期中的每一天。在西方，这是一个非常有趣的现象。比如：

太阳的符号——星期日　　　木星的符号——星期四

月球的符号——星期一　　　金星的符号——星期五

火星的符号——星期二　　　土星的符号——星期六

水星的符号——星期三

　　有的读者可能会问，为什么用这七个符号分别表示一个星期中的七天呢？如果你懂一些法文或是拉丁文，可能就会明白其中的联系。比如，在法文中，lindi是星期一，意思是月球日；mardi是星期二，意思是火星日；等等。

　　此外，古代的炼金术士还用这些符号表示金属，他们用这种方法来纪念不同的神灵。比如：

太阳的符号——金　　　　　火星的符号——铁

月球的符号——银　　　　　木星的符号——锡

水星的符号——水　　　　　土星的符号——铅

金星的符号——铜

　　这些行星符号除了用来表示一星期中的各个日期和金属，还被动植物学家用来表示雄性、雌性等概念。比如：

火星的符号——雄性　　　　木星的符号——多年生的草

金星的符号——雌性　　　　本植物

太阳的符号——一年生的植物　　土星的符号——灌木和乔木

可见，行星符号的使用非常广泛。

无法画出来的太阳系

世界上有很多东西无法用纸笔描绘出来，比如太阳系。有的读者可能会说，我们经常看到一些太阳系的图片呀。实际上，那根本不是完整的太阳系，甚至可以说那只不过是被扭曲的行星轨道图，行星本身根本无法在纸上表现出来。

从本质上说，我们可以把太阳系看成一个非常大的天体，里面有一些微小的微粒，跟行星之间遥远的距离相比，它们的体积太小了。为方便研究，下面我们把太阳系和行星进行等比例缩小，并画在纸上，如图61所示。

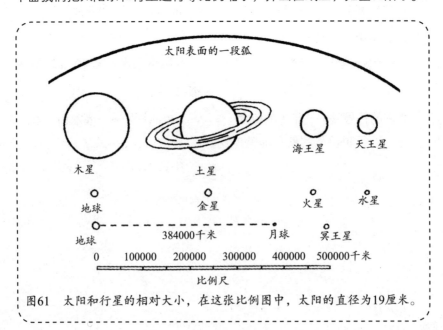

图61　太阳和行星的相对大小，在这张比例图中，太阳的直径为19厘米。

在1∶15000000000的比例尺中，地球只有别针头大小，其直径大概是1毫米，而月球的直径是$\frac{1}{4}$毫米，并且距离别针头3厘米，太阳就大多了，直径大概是10厘米，跟地球的距离是10米。如果我们把这张纸看成一个大厅，那么太阳的大小就像一个网球，位于大厅的一角。在距离太阳10米的地方，地球如同一个小的别针头，位于大厅的另一边。可以看出，在整个宇宙中，中间非常空旷，行星占据的空间连冰山一角都算不上。虽然在网球和别针头之间还有水星和金星，但它们也都非常小，水星的直径大概是$\frac{1}{3}$毫米，它在距离网球4米的地方；金星跟地球差不多大，也是一个别针头大小，它在距离网球7米的地方。可见，它们对整个大厅的布局没有任何影响。

不过，我们不能忽略另一颗行星——火星，它的直径大概是$\frac{1}{2}$毫米，在距离网球16米、距离地球4米的地方。平均每过15年，火星就会跟地球相互靠近一次。在太阳系模型中，火星的周围没有任何东西，但事实上火星有两颗卫星，如果同样等比例缩小，这两颗卫星的体积太小了，根本表现不出来。而且，在这个模型中，还有很多细菌大小的行星，它们围绕在火星和木星之间，距离太阳大概28米。

实际上，木星的体积是非常大的，但在模型中，它的直径只有1厘米，差不多跟榛子一样，距离网球54米。在距离它3厘米、4厘米、7厘米、12厘米的地方分别有4颗卫星，它们的直径大概是$\frac{1}{2}$毫米。此外，还有一些细菌大小的卫星，它们距离木星不超过2米。在这个模型中，木星系统的半径大概是2米，而"地球-月球"系统的半径大概只有3厘米。

说到这里，相信大家也明白了，要想在纸上把太阳系表现出来，

简直太困难了。在这样的纸上，土星距离太阳100米，其直径大概是8毫米，它的光环宽约4毫米、厚约0.004毫米，在它表面1毫米的周围，分布着9颗卫星，分别沿着半径为0.5米内的圆圈运动；天王星的大小跟一颗绿豆差不多，它距离太阳196米；海王星跟天王星差不多大，但它比天王星距离太阳远多了，大概是300米；冥王星的半径比地球小一些，它距离太阳最远，大概是400米。

此外，在这个模型中，还存在着很多彗星，它们也围绕太阳做椭圆形的运动。在公元前372年、1106年、1668年、1680年、1843年、1880年、1882年（这一年出现了两颗）和1887年都出现过彗星。每800年，彗星会绕太阳运行一周，距离太阳最近的时候不到12毫米，最远的时候是1700米。所以，要想把这些彗星也包括进模型中，这个模型的直径至少是3.5千米。在这么庞大的模型中，只有1个网球、2颗小榛子、2颗绿豆、2个别针头，以及3颗更小的微粒。

所以说，想把整个太阳系等比例缩小在一张纸上是根本不可能的。

水星上为什么没有大气

行星自转一周的时间和大气的存在，乍一看似乎没有任何关系，其实它们关系密切。我们不妨以距离太阳最近的那颗行星——水星为例来分析一下这种情况。

我们知道，有重力存在就会有大气。水星作为一个独立的行星，表面是有重力的，所以，它是可以存在大气的，而且大气的成分应该跟地球上的一样，只不过密度比地球上的小。在水星上，大气要想克服重力，速度至少大于4900米/秒，对于地球上的任何大气而言，是不可能达到这个速度的。

事实是，水星上根本没有大气。跟水星一样，月球上也不存在大气，原因是一样的。由于月球围绕地球公转，水星围绕太阳公转，所以，它们总是只有一面朝向所环绕的天体。在水星上，朝向太阳的一侧永远是白天，另一面一直是寒冷的黑夜。由于水星距离太阳比地球距离太阳近多了，这个距离大概是太阳到地球距离的2/5。所以，水星上的白天非常炎热，它所受到的太阳光照的热力是地球的6.25倍。而它的另一面异常寒冷，人们通过实验得出，这一面的温度大概是－264℃。在昼夜交替的中间部分，时冷时热，时明时暗，这条狭长地带的宽度大概是23°。

这就使得水星上根本不可能像地球一样存在大气。在水星黑暗阴冷的一面，由于气温非常低，气体都凝结成了固体，大气压力也变得很低；而在朝向太阳的那一面，由于气温很高，气体便膨胀，慢慢流向黑暗阴冷的那一面，而在到达黑暗阴冷的一边时，又会受到低气温的影响而固化。这样，水星上的气体便都变成了固体，并以这种形态存在于黑暗的一边。于是，整个水星上便没有了大气。

月球上同样没有大气，也是由于光明一面的大气流到了黑暗的一面，最后变成固体，直至消失不见。在威尔斯的小说《月亮里的第一批人》中，有这样的描写："月球上也有空气，只不过这些大气先变成了液体，然后不断固化，只有在白天时才感觉得到。"对于这一说

法，霍尔孙教授并不赞同，他说："月球上根本没有空气，也不可能感觉到空气，因为在月球的黑暗面大气会固化，而在光明的一面空气会不断膨胀，并流到黑暗的一面，继续固化，所以，在月球上是不可能存在大气的。"

在水星和月球上没有大气，这是科学的论断。但在金星上则存在大气，在它的平流层里，二氧化碳的含量超过了地球大气中含量的一万倍。

金星什么时候最明亮

相信大家都听说过高斯的名字，他是一位天才的数学家，在数学界创造过很多传奇。对很多人而言，可能只知道他是一位著名的数学家，其实，他也是一位狂热的天文爱好者。他曾经通过望远镜发现了金星的位置和形状，为了验证自己的发现，他还请自己的母亲来观察。一天晚上，星光灿烂，他带着母亲来到一架普通的望远镜前。本来，他只是想让母亲验证一下自己发现的那颗月牙形的金星，没想到，母亲给了他一个更大的惊喜。高斯自己观察的时候，只是发现了金星的位置和形状，并没有关心金星的位相。在望远镜里，母亲却发现了金星的位相，并且看到了金星的月牙是朝向相反方向的。这说明，跟月球一样，金星也有位相。

通过研究，我们可以发现，金星的位相有自己的特点。如 图62 所示，当金星呈现月牙形的时候，视直径比它满轮的时候大多了。这是因为行星跟我们之间的距离会随着位相的变化而变化。地球距离太阳的平均距离是15000万千米，金星距离太阳的平均距离是10800万千米，容易得出，金星和地球之间的最近距离是4200万千米，而最远距离是25800万千米。

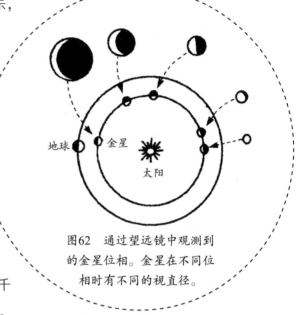

图62 通过望远镜中观测到的金星位相。金星在不同位相时有不同的视直径。

当金星距离地球最近的时候，它的视直径最大，这时，它朝向我们的是阴暗的一面，因此我们观察起来反而不清楚。但随着金星离我们越来越远，它的形状会慢慢由月牙形变成满轮，视直径也越来越小。不过，需要指出的是，金星最明亮的时候，并不是在它满轮的时候，也不是在它视直径最大（64″）的时候，这两个时刻都不能观察到最明亮的金星。确切地说，金星最明亮的时刻是从它视直径最大时算起的第30天（此时金星的视直径为40″，月牙形宽度的视直径为10″），这时，它是整个天空最亮的星星，亮度相当于天狼星的13倍。

火星大冲

前面我们提到过，火星和地球每15年会相互靠近一次，也就是说，这时候它们距离最近。在天文学上，把这一时刻称为火星大冲。最近出现大冲分别是在1924年和1939年，如图63所示。但为什么火星大冲每15年出现一次？其实，这个原因并不复杂。

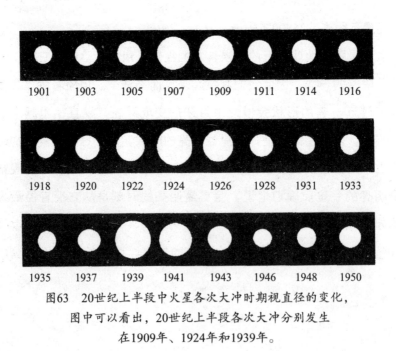

| 1901 | 1903 | 1905 | 1907 | 1909 | 1911 | 1914 | 1916 |

| 1918 | 1920 | 1922 | 1924 | 1926 | 1928 | 1931 | 1933 |

| 1935 | 1937 | 1939 | 1941 | 1943 | 1946 | 1948 | 1950 |

图63 20世纪上半段中火星各次大冲时期视直径的变化，图中可以看出，20世纪上半段各次大冲分别发生在1909年、1924年和1939年。

地球绕太阳公转一周的时间是 $365\frac{1}{4}$ 天，而火星是687天，它们从这一次相遇到下一次再相遇，中间经历的时间应该是它们各自公转时间的整数倍，可以列出下面的方程：

$$365\frac{1}{4}x = 687y$$

即：

$$x = 1.88y$$

得出：

$$\frac{x}{y} = 1.88 = \frac{47}{25}$$

把右边的分数化成连分数的形式，即：

$$\frac{47}{25} = 1 + \cfrac{1}{1 + \cfrac{1}{7 + \cfrac{1}{3}}}$$

取前三项的近似值，有：

$$1 + \cfrac{1}{1 + \cfrac{1}{7}} = \frac{15}{8}$$

这一结果表明：地球上的15年相当于火星上的8年，所以，火星与地球的相遇，每15年就会发生一次。同样的方法，我们可以推测出其他行星跟地球相遇的时间，比如木星：

$$11.86 = 11\frac{43}{50} = 11 + \cfrac{1}{1 + \cfrac{1}{6 + \cfrac{1}{7}}}$$

前三项的近似值为$\frac{83}{7}$，这就是说，地球上的83年相当于木星上的7年，它们每83年就会相遇一次，相遇的时候，也是木星最明亮的时候。根据相关记载，木星在1927年的时候出现过一次大冲，所以，我们可以推断出，下一次木星大冲的时间是2010年，再下一次是2093年。

是行星还是小型太阳

在太阳系中，木星是最大的行星，如果把它分割成地球那么大的球，至少可以分成1300个，而且，由于它的引力非常大，在它周围环绕着成群结队的卫星。现在，天文学家发现木星的卫星至少有11个，其中最大的4个早在几百年前就被伽利略发现了，并分别用罗马数字Ⅰ、Ⅱ、Ⅲ、Ⅳ来表示。其中，木卫Ⅲ和木卫Ⅳ并不比真正的行星——水星小。在下表中，我们列出了这4颗卫星跟水星、火星和月亮的直径大小比较。

在 图64 中，我们用图画的形式直观展示了它们的大小对比。图中，最大的圆

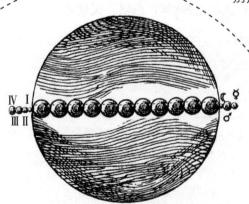

图64 木星和它的卫星跟地球、月球、火星、水星的大小比较图。

表示木星，左边的圆表示木星的4颗卫星；沿木星的直径排列的那些小圆表示地球；在大圆右边，紧挨着地球的小圆表示月球，它的右边依次表示火星和水星。

需要注意的是，这并不是立体图，而是一张平面图，各个圆面积之比跟这些天体的真实体积之比并不对应。球体的体积跟它的直径的立方成正比，如果木星的直径是地球的11倍，那么，它的体积将是地球体积的1300倍。知道了这一点后，对于这张图中的画面，我们就不会产生错觉，从而正确体会到木星的真实大小。

木星具有强大的吸引力，关于这一点，我们可以从它跟卫星之间的距离看出来，在下表中，我们列出了它们跟地球到月球的距离对比。

天体的名称	天体的直径（千米）
木卫I	3700
木卫II	3220
木卫III	5150
木卫IV	5180
火星	6788
水星	4850
月球	3480

从表中可以看出，木星系统的大小是地−月系统的63倍，迄今为止，还没有发现哪颗行星有这么庞大的卫星系统。

因此，把木星比作小型的太阳并不是毫无根据。此外，木星的质量大概是所有其他行星质量之和的2倍，所以，如果太阳消失了，木星完全可以替代它的位置，换句话说，

天体	距离（千米）	比值
地球到月球	380000	1
木星到卫III	1070000	3
木星到卫IV	1900000	5
木星到卫IX	24000000	63

这时，木星将变成中心天体，它巨大的引力会使得其他行星围绕它旋转，不过，运行的速度可能会比现在慢一些。

把木星比作小型的太阳还有一个依据，就是它的物理结构跟太阳很相似。组成木星的物质的平均密度大概是水的1.3倍，这跟太阳的密度（1.4）非常接近。不过，木星的形状非常扁平，所以，有科学家认为，木星应该有一个密度非常大的核心，而且，在核心的外面应该有一层非常厚的冰层和大气层。

不久前，人们再一次证实了木星跟太阳的相似性。有科学家认为，木星并没有固体外壳，而且很快就会变成一个发光体。不过，这种看法很快就被否定了，科学家在测量了木星的温度之后发现，那些漂浮在大气上的云层温度非常低，竟然达到了 – 140℃！

虽然我们不知道这一温度会表现出什么物理特征，比如说，在木星大气中的风暴现象、云状带以及红斑等。不久前，人们已经发现，在木星和它相邻的土星上，存在着大量的氮气和 沼气，但是，要想全面了解木星，天文学家们要走的路还很长。

> 在比木星、土星更遥远的行星，如天王星、海王星上，大气中的沼气含量更高。1944年，天文学家发现土星最大的卫星泰坦上也有由沼气组成的大气存在。

土星上的光环消失了

在土星的外围环绕着一层光环，见过它的人都会被它感染，有的甚至联想到天使身上的光环，令人感到温暖。但1921年流传着这样一则谣言：

终有一天，土星环会碎掉，碎片会在空中散落，并且会撞到地球，意味着地球将面临灾难。有人甚至预言了发生灾难的时间，以及灾难产生的后果……

现在，我们知道这是个谣言，并且对此嗤之以鼻，但是，当时这个耸人听闻的谣言确实使很多人感到害怕。那么，回到问题上，土星上的光环究竟有没有可能消失呢？如果消失，可能带来怎样的后果呢？土星上的环确实有可能消失，在天文学中，这被称为土环"消失"，是一种很常见的现象，但并不是人们理解的那种灾难。

土星环会"消失"，原因很简单。相对于它的宽度来说，土星的环是很薄的，当环的侧面朝向太阳时，它的上下两面并不能同时照到光线，因为上、下两面没有阳光照射，所以我们看不到环。此外，当环的侧面正对着地球的时候，我们也是看不到环的，这就是土星环消失的原因。所以，土星环并不是像谣言中说的那样会破裂，并撞向地球，引发灾难。

在天文学上，还有一个名词叫环的"展露"。土星的环跟土星绕

太阳公转的轨道平面之间的夹角是27°，这就使得土星在公转过程中会有一个时刻，正好位于公转轨道某条直径上的两个遥相对应的端点，这时，土星的环既朝向太阳，也正对地球，如图65所示。而且，在与两个端点呈90°的另外两个点上，土星环把最宽的一面向着太阳和地球，这就是环的"展露"。

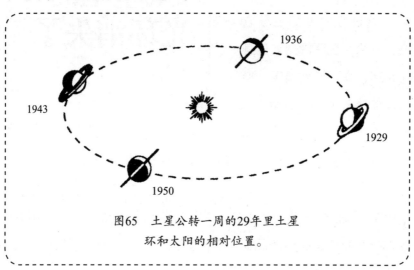

图65　土星公转一周的29年里土星
环和太阳的相对位置。

天文学中的字谜

土星环的消失，当时不仅让普通人无法理解，就连著名的天文学家伽利略也感到十分困惑。他明明真切地看到过这个光环，可为什么会消失呢？

很可惜，虽然他对此展开了很多实验和研究，但最终并没有找到答案，不过，他还是发现了一些有价值的东西。这其实是个很有趣的故事。那时的科学界有个习惯，就是人们为了让公众知道自己的发现，通常用文字谜的方式将自己的发现公布于众，这样就不用担心别人捷足先登了。这是什么意思呢？就是当你有了某项独创的发现时，即便这个发现需要进一步证实，也可以通过字谜的方式把自己的发现权保留下来。所谓的字谜，其实就是把自己的发现编成一句简单的话，然后打乱字母顺序，并将其发表。这样，发明者就可以为自己争取验证这一发现的时间。如果发明者最后验证了自己的发现是正确的，就可以把之前的字谜破解，让人们知道这一发现。

当时，伽利略通过望远镜发现了土星周围似乎有一个环，于是，他便编写并发表了下面的字谜：

Smaismermilmepoetalevmibuneunagttaviras

对于这样一串复杂又混乱的字母，别人根本不知道其中的意思。不过，如果有人对此进行专门的研究，并且愿意花时间，也可以找到其中的规律。这是39个字母，它们的排列方式可以通过下式求出：

$$\frac{39!}{3!5!5!4!5!2!2!3!2!2!2!}$$

继续算下去，上式等于：

$$\frac{39!}{2^{19} \times 3^6 \times 5^3}$$

这个数值大概是36位数。如果我们用秒来表示一年的时间，大概是8位数，所以，要想解开这一字谜，可能需要上千万年的时间，可见，伽利略对这一秘密保存得非常严密。

和伽利略同时代的意大利物理学家开普勒，真的花了大量的时间和精力来破解这一字谜，并且得出了结果：

Salve，umbestineum geminata Martia proles.

翻译过来的意思是：

向您致敬，孪生子，火星的产生。

开普勒认为，伽利略一定发现了火星的两颗卫星。但他并不十分确定。值得一提的是，火星附近确实有两颗卫星，在250年后才被人发现和确认。后来证实，伽利略的字谜想要表达的意思并不是开普勒解读的那样，真正的字母排序应该是下面的一句话：

Altissimam planetam tergeminum observavi.

这句话的意思是：

我曾经看见有三颗最高行星。

原来，伽利略想要表达的意思是，自己看到在土星附近有两个东西环绕，加上土星是3个，但是不确定那两个东西究竟是什么。后来，伽利略又发现这两个东西消失了，于是，伽利略便更迷惑了，以为自己看错了，那两个东西可能根本就不存在。

半个世纪之后，科学家惠更斯发现了土星环，他也像伽利略一样，并没有发表自己的发现，而是发表了下面的一串字母：

Aaaaaaaccccccdeeeeeeghiiiiiiiillllmmnnnnnnnnnn

ooooppqrrsttttttuuuuu

过了3年，他确认了这一发现，于是，便揭开了字谜的真正顺序，谜底是：

Annulo cingitur，tenui，plano，nusquam cohaerente，ad eclipticam

inclinato.

（土星被一条薄而平的环环绕着，这条环不跟任何东西接触，只跟黄道斜交。）

比海王星更远的行星

在我以前出版的书中，我曾经写到，在我们所在的太阳系中，最远的行星是海王星，它到太阳的距离是地球到太阳距离的30倍。随着科技的发展，现在人们有了重大发现。1930年，科学家发现了比海王星更远的天体在围绕太阳旋转，并把它命名为冥王星，列为太阳系的新成员，所以，我必须要推翻之前的结论。

这一发现并没有出乎我们的意料。很早之前，天文学家就认为，一定有尚未发现的行星比海王星距离太阳还要远。100多年前，当时人们还以为天王星就是太阳系的尽头呢。英国的数学家亚当斯和法国的天文学家勒维耶通过数学方法得出了一个结论：在比天王星更远的地方，确实有行星存在。当时，这是通过数学推理得出的，不过，人们很快便发现这是真的，而且这颗行星用肉眼就可以看到。海王星就是被这样发现的。

但是，海王星的存在并不能解释天王星运动的不规则性。因而有人提出了一个当时觉得非常大胆的猜想：在太阳系中还存在着比海王星更远的行星。于是，数学家们便开始解决这一问题，并提出了很多种不同的解决方案，关于这颗未知行星到太阳的距离有很多说法，它的质量也有许多猜测。

得益于科技的进步，人们发明了倍数更高的望远镜。1929年年底，年轻的天文学家汤博终于观察到了这个太阳系家族的新成员——后来被命名的冥王星。

冥王星的运行轨迹是前人曾经提出的一条轨道，但有的专家认为，并不是数学家推算出了这条轨道，它只不过是一种巧合罢了。

关于冥王星的世界，我们知道的并不多。因为它距离我们确实太遥远了，几乎没有太阳光线照射到它，所以，即便我们采用现有最强大的工具，也很难测量出它的直径，只是估计它的直径大概5900千米，约为地球的0.47。

冥王星的运行轨道非常狭窄，偏心率只有0.25，跟其他行星一样，冥王星也是围绕太阳公转，它到太阳的距离是地球到太阳的40倍，它公转一周的时间是250地球年，轨道与地球轨道的夹角是17°。

在冥王星的上空，太阳光线非常暗，亮度是地球上空太阳光线的$\frac{1}{1600}$。所以，它看上去就如同一个有45″角度的小圆盘，这跟我们看到的木星差不多大小。于是，便引出了一个有趣的问题：冥王星上空的太阳，跟地球上空的满月相比，哪一个更明亮？

实际上，虽然冥王星距离我们很遥远，但并不是我们想象的那样暗淡无光。地球上空的太阳比满月明亮44万倍，前面说过，冥王星上空的太阳亮度是地球上空的太阳亮度的$\frac{1}{1600}$，也就是说，冥王星上空的太阳亮度是地球上空满月的275倍（440000÷1600）。这说明，如果冥王星的天空跟地球上的天空一样清澈明晰，那么站在冥王星上，就会感觉好像同时有275个月亮照着，即便是圣彼得堡最明亮的夜晚，也只有这个亮度的$\frac{1}{30}$。所以，冥王星并非像人们以为的那样一片黑暗。

小行星

在太阳系中，并非只有8颗行星，只不过，跟其他的行星比起来，这8颗行星更大些，所以，人们也更关注它们。此外还有很多小行星，它们也在围绕太阳旋转。比如说谷神星，它就是一颗围绕太阳运动的小行星，它的直径大概是770千米，算是比较大的小行星了。但它的体积比月球小多了。如果把它跟月球相比，就好像将月球跟地球相比。

早在1801年1月1日，科学家便发现了这颗小行星。在整个19世纪里，在火星和木星之间，人们一共发现了400多颗行星。不过，当时的人们以为，这些小行星只在火星和木星之间运动着。

后来，人们慢慢在火星和木星的轨道之外发现了小行星，比如爱神星，它于1898年被发现。1920年，人们又发现了希达尔哥星，叫这个名字是为了纪念在墨西哥革命战争中牺牲的烈士希达尔哥。希达尔哥星的活动范围靠近土星，跟地球轨道的夹角是43°，在当时被认为是轨道最扁的行星（偏心率是0.66）。

到了16年后的1936年，科学家又发现了阿多尼斯星，它的轨道偏心率是0.78，也就是说，比希达尔哥星的轨道更扁，活动范围更广，其中一端靠近水星，另一端则远离太阳。

在记录小行星的方法上，科学家们显得非常有创意。通常，他们

会记录下这颗小行星被发现的年份，不过，不是采用习惯上的12个月来表示，而是采用24个半月，每个半月都用不同的字母表示。

当然，如果在某个半月里发现了好几个小行星，就会在这些字母后加上第二个字母进行排序。如果24个字母仍然无法满足需要，科学家们就会从字母A开始，而且，在这个A的右下角做一个标记。比如$1932EA_1$，意思是，这颗小行星是1932年3月的上半月发现的第25颗行星。

随着科技的发展，人们发现了越来越多的小行星。不过，宇宙是浩瀚无穷的，仍然有很多行星等待着我们去发现和了解。

至于小行星的体积，可以说大小不一，但从整体上来说都不大。目前发现的小行星，直径在100千米的有70多个，直径在20千米～40千米的则非常多，还有一些直径只有2千米～3千米。因此，前面提到的谷神星算是非常大的小行星了。此外，智神星也算比较大的，它的直径是490千米。据估计，目前发现的小行星还不到全部小行星的5%，不过，可以肯定，即便加上那些还没有被发现的小行星，它们的总质量也不到地球质量的$\frac{1}{1600}$。

俄国的格里·尼明是一位研究小行星的资深专家，他说过这么一段话：

> "小行星不仅体积有大有小，其物理特性也千差万别。在小行星的表层分布着不同的物质，所以，在反射太阳光的能力上，每个行星都不同。比如说谷神星和智神星，它们对太阳光的反射能力跟地球上的黑色岩层差不多，而婚神星却跟浅色的岩层相同，灶神星反射太阳光的能力类似白雪。"

有些小行星发出的光芒会有波动，这表明它们也在自转，而且说明其形状并不规则。

小行星
阿多尼斯

前面，我们提到过一颗小行星——阿多尼斯。它的轨道非常扁，跟彗星的轨道差不多。除了这一点外，阿多尼斯还有另一个著名的特点，它是距离地球最近的小行星。人们发现它的那一年，它离地球只有150万千米。尽管月球离地球要更近一些，但由于月球只是地球的卫星，所以人们便把阿多尼斯称为距离地球最近的行星。

除了阿多尼斯，阿波罗距离地球也非常近。而且，阿波罗是目前为止所发现的行星中最小的一颗，发现它的时候，它到地球的距离只有300万千米，火星距离地球最近的时候是5600万千米，而金星距离我们4200万千米。不过，阿波罗到金星的距离最近的时候只有20万千米。

此外，赫耳墨斯距离地球也非常近，大概是50万千米，这跟月球到地球的距离差不多。

在天文学上，常用"万千米"作为天体间距离的单位，在我们的眼中，这个单位似乎很大，但在天文学中，这样的距离是非常小的。比如，一颗以花岗石为质地的小行星，它的体积为520000000立方米，

那么，这颗小行星的质量就是1500000000吨，大概相当于300座金字塔的质量。由此可见，在天文学上的大小概念跟我们日常生活中所理解的大小概念是不能相提并论的。

木星的同伴——"特洛伊英雄"小行星

在所有已经被发现的小行星中，有一组小行星的命名非常有趣，是以古希腊特洛伊战争中英雄的名字来命名的，如阿喀琉斯、帕特罗克洛斯、赫克托耳、涅斯托耳、阿伽门农等。此外，这些小行星还有一个特点，它们跟木星和太阳正好形成一个等边三角形，所以，天文学家常称它们为木星的伴星。不管它们怎么运动，总是在木星前后60°的位置。

这些小行星在运动过程中绝对不会偏离轨道，即便偶尔发生一次，也会被引力拉回来，这也说明，这些小行星和木星、太阳之间所形成的等边三角形有很好的平衡性。

在还没有发现这些小行星之前，法国的数学家拉格朗日就指出，天体间具有一定的稳定性，不过，他并不认为在宇宙中存在这样的天体。当然，后来人们发现了上面的这些小行星，也证明了他后边的话是错误的。这些小行星的发现，不仅证明这样的天体是存在的，也证明了他提出的前边的话。所以说，通过研究这些众多的小行星，可以促进天文学的发展。

在太阳系里旅行

在前面的章节中，我们学习了地球和月球的一些天文学知识，对它们有了一定的了解。下面，让我们放宽眼界看一下太阳系中的其他天体，看看它们有些什么样的特点。

首先，我们来看一下金星。实际上，它离太阳和地球都很近，如果金星上的大气层是透明的，那么，当我们站在金星上的时候，用肉眼就能看到太阳和地球，而且，在金星上看到的太阳比在地球上看到的大了一倍，如图66所示。而地球，这时则变成了非常明亮的行星。

图66　从地球和其他行星上看见的太阳大小对比图。

135

在地球上，我们也可以看得见金星，不过，由于金星的公转轨道在地球系统的里面，所以，如果金星在近地点，我们是看不到它的，只有在它离开地球一定的距离，我们才能看到它，而且，这时候看到的是不完整也不明亮的金星。但是，在金星的天空中，地球不仅非常完整，而且也非常明亮，就像火星大冲一样，它的亮度至少是在地球上看金星最大亮度的6倍。

当然，有一点需要说明，前面提到的数据是基于金星的外层大气透明可视的情况。而在实际中，金星上总是时不时出现一种现象——"灰色光"。以前，科学家们还以为这种现象是缘于地球的照耀，后来发现，金星只能接收到非常有限的地球光，从强度上说，大概相当于一根普通蜡烛在35米之外所发出的光线，这么微弱的亮度显然不足以使金星产生"灰色光"现象。

在金星的天空中，除了可以接收到地球光之外，还可以接收到月光，强度大概是天狼星上的月光的4倍。正是由于地球和月球都有照射到金星上的光，我们才可以在金星上也能通过望远镜看到月亮，而且可以清晰地分辨它上面的细节。

此外，在金星的天空中，还可以看到一颗闪亮的行星——水星，其亮度大概是我们在地球上所看到的水星亮度的3倍，所以，在天文学上，常把水星称为金星的晨星和昏星。不过，如果站在金星上观察火星，你会发现，它明显没有在地球上看到的亮，亮度只有地球上所看到的火星亮度的40%，比木星还要暗一些。

虽然各个行星在空中处于不同的位置，但它们的轮廓都差不多，不管在哪个行星上观察，所看到的星系图案都大致相同，这是因为这些行星距离我们实在太远了。

让我们跟金星道别，到水星上去看看。在水星上，没有空气、没有昼夜，这个世界太奇怪了。在水星上，太阳总是像个圆盘一样挂在天上，地球看上去比在金星上所见到的亮了1倍，然而，最美丽的要数金星了，它看上去最明亮，甚至有些耀眼。

现在，我们来看一下火星。在火星上，我们也可以看见太阳和地球，不过，这里所看到的太阳比地球上看到的小多了，只有一半大小，所看到的地球也只是其表面积的$\frac{3}{4}$，亮度大概相当于在地球上看到的木星。而月球这时看上去非常明亮，如果通过望远镜，我们可以清晰地看到月球的位相变化。

说到火星，最值得一提的还是它的卫星，其中，福波斯就是最著名的一个，它的直径不到15千米，但由于它距离火星最近，所以也显得非常明亮。在比福波斯稍远一些的火星卫星上，可以看到一个位相不停变化的大圆面，它就是火星，这个圆面的视角大概有41°，其位相变化的速度超过月球几千倍。这样的情景只有在木星的卫星上才能看到。

接下来，我们再看一下木星。它是太阳系中最大的一颗行星。在木星上，看到的太阳的体积相当于地球上所见的$\frac{1}{25}$，而且，木星所接收到的太阳光也相当于地球上的$\frac{1}{25}$。在木星上，白昼非常短暂，只有差不多5小时，其余的时间都是漫无边际的黑夜。在木星的夜空中，我们很难找到那些熟悉的行星，因为所有行星的形状都发生了很大的变化，所以，我们并不能确定是不是真的看到了它们。比如说水星，这时被太阳光完全遮挡住；而金星、地球以及太阳都是一起从西边落下，只有在黄昏的时候才能隐约看到它们的身影；火星也若隐若现，看到的最明亮的星星大概只有天狼星与土星了。

在木星的天空中，最著名的也是它的卫星，这些卫星把木星的天空照得非常明亮。具体地说，卫星 I 和 II 的亮度跟地球上所看到的金星亮度差不多，卫星 III 的亮度是金星上所看到的地球亮度的2倍，卫星 IV 和 V 的亮度比天狼星还要亮很多。在体积方面，这些卫星也毫不逊色。前4颗卫星的视半径比太阳的半径大多了。不过，在运行的过程中，前3颗卫星会没入木星的阴影中，所以并不能一直看到它们，也就不能看到它们整个圆面的位相。在木星上，有时候也会看到日全食，不过，能看到的地带非常狭窄。

此外，木星的大气层不像地球上那般清澈，它比较厚，而且很稠密，或者可以说有些浑浊。在这样的条件下，有时会产生一些特别的光学现象。在地球上，由于光的折射作用，我们所看到的天体比它的实际位置要高一些（参见图15）。在木星上，光线的折射非常明显，所以，木星表面发出的光线会偏折得非常厉害，很多光线不是射入大气层，而是反折回木星，如 图67 所示，从而出现一些独特的景致。

在木星上，不管我们站在什么地方，都可以在半夜的时候看到太阳。我们就像站在一只碗的底部，整个木星的表面基本上都在碗内，碗口上方正对着天空，太阳总是出现在天空中。不得不说，这种景致太神奇了。不过，这只是天文学家的

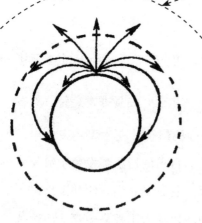

图67　木星的大气中光线折射示意图。

分析结果，是否真实还有待考证。

　　如图68所示，这是在木星的卫星上所看到的景象。在距离木星较近的卫星上，我们会看到不一样的景色。比如，在距离木星最近的卫星Ⅴ上，我们所看到的木星视直径几乎是月球的90倍，而其亮度只有太阳的$\frac{1}{7}$到$\frac{1}{6}$，当它的下边缘已经接触地平线的时候，它的上半部分仍然在空中；当它完全没入地平线时，圆面积差不多是整个地平圈的$\frac{1}{8}$。木星在旋转的时候，卫星会映射到木星上，表现为一个个小黑点，虽然对木星的影响不大，但使它看上去黯淡了一些。

图68　从木星的卫星Ⅲ上见到的木星景象。

　　现在，我们去下一个行星——土星，一起来看一下在土星上会看到什么样的土星环。需要说明的是，在土星上，并不是任何地方都可以看到光环，如果站在土星的南北纬64°到南北极之间，我们根本不

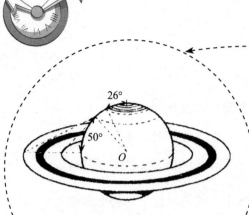

图69　在土星表面不同点上
看土星环，所见景象
各有不同。

可能看见光环。如 图69 所示，如果
站在两极的边缘，我们只能看见光
环的外缘。只有在纬度64°到35°
之间，我们才能看到光环。在纬
度35°，我们看到的光环最清晰、
最明亮，这时光环的视角最大，为
12°；过了这个地方后，光环又会慢
慢变窄变模糊；在土星的赤道上，我们只
能看到光环的侧面，就像一条狭长的带子。

　　另外，土星的光环只有一面被太阳光照射到，另一面照不到的地
方是阴影，所以，只有当我们站在土星被阳光照到的一面时，才能看
到耀眼的光环。土星被太阳照射的部分每半年轮换一次，这样，如果
我们在上半年看到了光环，那么下半年，我们看到的就是黑暗的一边。
而且，只有在白天才可以看到，晚上的时候，光环只会出现几个小时，
然后就没入黑暗中。此外，土星还有一个特点，在地球上，我们几乎看
不见它的赤道地区，这是因为，土星的赤道都处于光环的阴影之中。

　　不过，如果我们站在距离土星最近的卫星上，会看到非常奇妙的
天空景色。当土星的光环呈现为月牙状时，景致最妙。这时，在月牙
的中间会有一条狭长的带子，这其实是光环的侧面。土星的一群卫星
环绕在带子的周围，它们也是月牙形，这样的景致简直太美妙了！

　　我们简要介绍了太阳系的几颗主要行星，下面列出各个天体在别的行
星天空中的亮度对比，我们按照由大到小的顺序进行了排列，分别是：

1. 水星天空的金星　　　　　　　3. 水星天空的地球

2. 金星天空的地球　　　　　　　4. 地球天空的金星

5．火星天空的金星

6．火星天空的木星

<u>7．地球天空的火星</u>

8．金星天空的水星

9．火星天空的地球

<u>10．地球天空的木星</u>

11．金星天空的木星

12．水星天空的木星

13．木星天空的土星

其中，我们用横线标出了4、7、10三项，这几项是我们所熟悉的，大家可以根据这几项来判断其他的亮度，从上面的列表可以看出，在太阳系的所有行星中，地球算是很明亮的了。

最后，我们再给出一些跟太阳系有关的数字，供大家在后面的学习中参考。

太阳：直径1390600千米；体积1301200；质量333434；密度1.41。

月球：直径3473千米；体积0.0203；质量0.0123；密度3.34；距地球的平均距离384400千米。

行星的大小、质量、密度、卫星的数量等一览表

行星	平均直径			体积 (地球=1)	质量 (地球=1)	密度		卫星的 数量
	视直径	实际直径				地球=1	水=1	
	秒	千米	地球=1					
水星	13～4.7	4700	0.37	0.05	0.054	1.00	5.5	—
金星	64～10	12400	0.97	0.90	0.814	0.92	5.1	—
地球	—	12757	1	1.00	1.000	1	5.52	1
火星	25～3.5	6600	0.52	0.14	0.107	0.74	4.1	2
木星	50～30.5	142000	11.2	1295	318.4	0.24	1.35	12
土星	20.5～15	120000	9.5	745	95.2	0.13	0.71	9
天王星	4.2～3.4	51000	4.0	63	14.6	0.23	1.30	5
海王星	2.4～2.2	55000	4.3	78	17.3	0.22	1.20	2

行星到太阳的距离、公转周期、自转周期、引力等一览表

| 行星 | 平均半径 | | 轨道偏心率 | 公转周期（地球年） | 轨道上的平均速度（千米/秒） | 自转周期 | 赤道与轨道平面倾斜度 | 引力（地球=1） |
	天文单位	百万千米						
水星	0.387	57.9	0.21	0.24	47.8	88日	5.5	0.26
金星	0.723	108.1	0.007	0.62	35	30日	5.1	0.90
地球	1.000	149.5	0.017	1	29.76	23小时56分	5.52	1
火星	1.524	227.8	0.093	1.88	24	24小时37分	4.1	0.37
木星	5.203	777.8	0.048	11.86	13	9小时55分	1.35	2.64
土星	9.539	1426.1	0.056	29.46	9.6	10小时14分	0.71	1.13
天王星	19.191	2869.1	0.047	84.02	6.8	10小时48分	1.30	0.84
海王星	30.071	4495.7	0.009	164.8	5.4	15小时48分	1.20	1.14

在图70中，我们给出了几个天体在望远镜中被放大100倍的情景。其中，图70的左图是月球；右图是水星、金星、火星、木星、土星，以及木星和土星的卫星。

图70　左图是用望远镜放大了100倍的月球图。右图是用望远镜放大了100倍的水星、金星、火星、土星、木星和土星的卫星图。

Chapter 4
恒　星

为什么叫
"恒星"

到了晚上，我们在仰望星空的时候，目光总是被那些闪闪发光的恒星吸引。我想，很多人一定和我一样，会对这些璀璨的星星产生深深的疑问：它们来自何方？有人可能会说，跟地球一样，它们都是自然界的杰作；或者说，这是上天创造的美丽风景。但这些答案没有从根本上解答我们的疑问。下面，我们就来寻找一下真相。

一直以来，无论科学家还是天文爱好者，都钟情于对恒星的研究，早在400多年前，达·芬奇就曾说过："如果我们在一张纸上用针尖刺一个小孔，眼睛从小孔看过去，就可以看到一颗非常非常小的星星，这个时候你可以发现这颗星星并没有发光。"这句话指出了恒星的客观存在，但是，它到底是如何出现的，我们不知道。

我们经常说看到光，其实，这并不是真正的光。学过物理学的人都知道，我们是看不到真正的光线的，看到的只是一些被光线照亮的灰尘或者微粒。在浩瀚的宇宙中，无论白天还是黑夜，太阳一直在发出光芒，但是，我们并不能看见这片真正的发光空间。实际上，我们甚至看不见笼罩在恒星外面的那层大气，即便它也充满尘土。那么，为什么我们可以在晚上看见这些恒星？

关于这个问题，就必须先了解一下我们自身的特性。实际上，我们的眼睛在这里起了关键作用。科学证实，我们的眼珠并非完全透明，还不如很多玻璃透镜的构造均匀，它只是一种纤维组织。亥姆霍兹在"视觉理论的成就"演讲中，曾说过这样的话：

"眼睛里所形成的光点的像，并不是真的发光。这是因为，构成眼珠的纤维具有特殊的排列方式，一般情况下，这些纤维沿六个方向成辐射状排列，那些好像从发光点——比如恒星或者远处的灯火——所发出的看得见的一束束光线，只不过是眼珠的辐射构造的表现而已。眼睛构造上的这一缺陷，就造成了这种错误的感觉。这是一种普遍现象，所以，人们总是把所有的辐射状图形称作星形。"

总之，大家一定要记住，我们所看到的 恒星 发光并不是真实的，这些璀璨的恒星都是我们的眼睛创造出来的。

> 我们所说的"恒星"的光芒，并不是眯着眼看星星时所看到的那种好像是从星星上延伸到眼前来的光线，而是由睫毛的光的绕射作用引起的。

前面提到，达·芬奇讲了一个神奇的现象。在赫尔姆霍尔兹的理论中，也对这一现象进行了解释：如果我们从一个非常小的孔里看星星，就会只有一束非常细的光进入眼睛，这束光线只接触到了眼珠的中心部分，这时，眼珠的辐射构造便不再发挥作用，所以，我们只能看到那一束单一的亮光。也就是说，恒星自己的光芒就没有了，只能看到一些非常小的发光点。如果没有望远镜，我们可以利用这种方法，也能看到那些不带光芒的群星。

那些璀璨的恒星是谁创造的？现在，我们完全可以自豪地说，就

是我们自己！由于眼睛的特殊构造，才使得我们看到如此绚丽的夜空。我们应该感谢眼睛构造上的这一缺陷，如果不是因为它，我们将只能看到一点点细小的光，根本看不到这些光芒四射的群星。

为什么恒星会眨眼，而行星不会

在很多小朋友的描绘中，星星是这样的：它像个顽皮的孩子，在空中不停地眨眼睛……可见，眨眼睛是星星的一大特征。在我很小的时候，经常在晚上跟小伙伴一起去看星星，就是想看它们是怎么眨眼睛的。其实，不仅小孩这样，很多科学家也喜欢长时间仰望星空，看恒星眨眼睛的样子。弗拉马利翁曾经说："星星发出的这种忽明忽暗、忽白忽绿忽红的光，就像晶莹夺目的钻石一样闪烁，使星空显得灵活起来，给人的感觉好像星星中有一双眼睛在看着地球一样。"

那么，星星为什么会眨眼睛呢？这样的问题通常由天真的小孩提出，但也只是问一下而已，并不会深究问题的答案。而在科学家的眼中，这个问题却很值得研究。而且，对于星星眨眼睛的速度、星星为什么会变换颜色等问题，也进行了研究。

星光在到达我们的眼睛之前需要经过一段很长的距离，大气层是它们的必经之路。地球上空的大气每一层的温度和密度都不同，所以，当星光经过这些大气层的时候，就好像通过了很多个三棱镜、凸透镜或者凹透镜，经过很多次偏折后，光线就变得时聚时散，明暗程度也发生了变化。这种不稳定的大气就是星星闪烁的原因。如果大气层是稳定的，那么，进入眼睛的就是稳定的星光，我们也就看不到闪烁的星星了。此外，星星闪烁的幅度也不一样，通常来说，白色的星星比黄色或红色的星星闪烁的幅度大一些；地平线附近的星星比悬在天空的星星闪烁得更厉害。

星星会眨眼睛，但只有恒星会，行星则不会。这是因为，跟恒星比起来，行星离我们近多了，这就使得它们的光并不是一个点，而是很多个闪烁的点，这些点组成了一个圆面。虽然每个点的闪烁幅度不一样，但相互间会互补和融合，从而使整个圆面看上去非常稳定，看不出有任何变动。

至于星星会变换颜色，这是由于星光在经过大气层的时候，不仅会发生各种偏折，还可能出现色散。所以，我们不仅会看到它们的闪烁颤动，还会看到它们变换颜色。距离地平线越近，颜色变换得越明显。特别是在刮风、下雨之后，因为这时候的空气质量非常好，所以星星闪烁得更有力，颜色也变换得更明显。

还有一个问题：星星多长时间变换一次颜色呢？根据科学家们的统计，这个并没有什么特殊的规律，主要看观察的条件。有的可能每秒几十次，有的可能每秒一百多次或者更多。不过，也有一个简单的计算方法：首先，选择一颗很亮的星星，使用双筒望远镜来观察它，观察的同时快速旋转望远镜的物镜。这时，我们看到的并不是星星，而是一个由很多颗不同颜色的星星组成的环。如果星星闪烁得很慢，或者望远镜转动得非常快，这个环就会分裂成很多颜色不同、长度不一的弧。这样，我们就可以通过计算得出星星改变颜色的大概次数。

白天是否能看见恒星

在白天，我们可以看见行星，那么，是否也能看到恒星呢？关于这个问题，历史上有很多人进行过探讨和研究，而且，有一种普遍的说法：如果想在白天看见恒星，你需要站在深井、很深的矿坑或者高烟囱的底部。这种说法出自很多名人的口中，不过也都是听别人说的。对于这种说法，很多人认为是对的，但究竟能不能在这种地方看到恒星，并没有人亲身验证过。

美国的一本杂志上曾刊登过一篇文章，对白天在井底根本看不到星星进行了论证，作者认为，白天能看到星星的说法是没有任何根据的，只是玩笑而已。有趣的是，这篇文章刊登出来后，很快便有一位农场主写了一封反驳的信寄到杂志社，根据农场主的说法，在白天的时候，他确实在一个深约20米的地窖里看到了五车二和大陵五这两颗星星。后来，人们对这封信进行了仔细研究，结果发现，信中所说并不属实。根据农场主提到的观察地所在的纬度以及当时的季节来判断，他所提到的那两颗星根本就没有经过天顶。所以，这仅仅是一场恶作剧而已，不过，人们对于这一问题的讨论远没有停止。

人们用大量的事实证明，深井、矿坑等地可以帮我们白天看见星星这一说法并没有理论依据。那么，为什么白天看不到星星呢？原因还是在于空气中的大气。由于空气中的微尘漫射的太阳光比恒星的光更强，所以白天根本不可能看到星星。哪怕我们下到很深的矿坑或者井中，也改变不了太阳光比星光更亮这一客观事实。

下面，我们做一个简单的实验，来帮助大家理解为什么白天看不见恒星。

实验需要准备的工具是：硬纸匣、针、白纸、灯。

首先，在硬纸匣的侧壁上用针刺几个小孔，把白纸贴在侧壁的外面，然后，把灯放在纸匣里面，并点亮它，最后，把整个纸匣放在一间黑暗的屋子中。这时，我们就可以在侧壁的小孔上看到灯发出的光点，它们都映照在了白纸上，就像晚上的星星一样。接着，打开屋子里的灯，我们就会发现，虽然纸匣里也亮着灯，但是白纸上的亮点看不到了，这跟天亮后看不到星星是一样的道理。

随着科学技术的迅猛发展，在白天，人们可以通过望远镜看到星星。但是，在很多人的眼中，仍然以为这是由于从"管底"观看才看到的，这种说法是错误的。望远镜里装有玻璃透镜和反射镜，它们会对光线产生折射和反射，通过望远镜观察的时候，我们看到的天空会变暗，而光点状的恒星会变亮，所以，我们在白天也可以看到恒星。

不得不说，这一解释让很多人有一种挫败感。其实，有些比恒星亮的行星，比如金星、木星和大冲时的火星，在太阳光照比较暗的条件下，我们在白天也能够看见它们。如果说在深井中看到这些星星，还是可以说得通的。在深井里面，井壁会挡住阳光，这时，我们就可以看见距离我们较近的行星，但并不是恒星。关于这一特殊的现象，我们会在后面的章节中进行分析。

最后，需要提示大家的是，我们在白天看到的那些星星，其实是半年前我们在晚上看到的那些星星，再过半年，它们又会在晚上进入我们的视野。

星　等

大家在欣赏夜晚的星空时，有没有想过把星星区分开呢？以什么标准来区分？很早以前这个问题就引起了人们的兴趣，人们还提出了根据星星的大小和亮度来划分等级的方法，这里说的等级在天文学上称为"星等"。通常把黄昏时空中最亮的星星称为一等星；亮度次之则称为二等星，以此类推，一直到六等星。六等星的亮度刚好可以用肉眼看到。

然而，这一方法带有很大的主观性，满足不了天文学研究的需要。于是，天文学家便制定了一个更完善的标准，对星星的亮度等级进行细致地划分。具体地说，就是把一等星的平均亮度规定为六等星的100倍，如果有的星星比一等星还亮，则把它划分成零等星或者负等星。

根据上面的规定，科学家们推出了恒星的亮度比率，也就是说，前一等星的亮度是次等星的多少倍。我们不妨来看一下这个比率的大小，假设它为n，则有：

一等星的亮度为二等星的n倍；

二等星的亮度为三等星的n倍；

三等星的亮度为四等星的n倍；

……

如果把其他各等星的亮度跟一等星进行比较，我们有：

一等星的亮度为三等星的n^2倍，一等星的亮度为四等星的n^3倍，一等星的亮度为五等星的n^4倍，一等星的亮度为六等星的n^5倍。

根据前面的规定，可以得到下面的式子：

$$n^5 = 100$$

容易解得：

$$n = \sqrt[5]{100} \approx 2.5$$

也就是说，前一等星的亮度是后一等星的2.5倍，其实，如果再精确些，这个比率是2.512。

在天空中，虽然一等星是最亮的星星，但它不是最亮的天体。比如说太阳，它比一等星亮多了，它的星等是"负27等星"。也就是说，负等星才是空中最亮的天体。至于这里的"负"，并不是一般意义上的"负数"。

前面，我们讲到了星等，并用它来表示星星的亮度，实际上，在天文学的研究中，使用更多的是光度计，这是一

星等的
代数学

种特别的仪器。它可以比较出未知亮度的天体跟已知亮度的星星的差别，通过设置一些参数，把仪器中设定好的"人工星"跟真实的星体进行比较，就可以得出想要的数据，然后进行计算。

对于那些比一等星更亮的星体，我们如何表示呢？在数轴线上，数字"1"的前面是"0"，所以，我们把那些比一等星亮2.5倍的星称为"零等星"。以此类推，把那些比零等星更亮的星称为"负等星"，比如说，"负1等""负2等"等。

但是，也有一种情况，有些星星的亮度并没有达到一等星的2.5倍，可能只有1.5倍或者2倍，这时该怎么表示呢？不妨回到数轴线上，对于这些星星，它们将位于数字0和1之间，那么我们可以用小数来表示星等，比如说，"0.9等星""0.6等星"等。

0、负数和小数都可以用来表示星等，这么做的目的就是便于计算，同时，也给我们提供了一个统一的标准。通过这种表示方法，我们可以把任何星体的星等用数字精确表示出来。

下面，我们举几个例子来说明一下。例如，天空中最亮的恒星天狼星，它的星等是"负1.6等"；只在南半球才能看见的老人星，它的星等是"负0.9等"；北半球最亮的恒星织女星，它的星等是0.1等；五车二星和大角星都是0.2等；参宿七星是0.3等；南河三星是0.5等；河鼓二星是0.9等。

下表中，我们列出了天空中最亮的一些星以及它们的星等（括号内是星座名称）。

恒星	星等	恒星	星等
天狼（大犬座α星）	− 1.6	参宿四（猎户座α星）	0.9
老人（南船座α星）	− 0.9	河鼓二（天鹰座α星）	0.9
南门二（半人马座α星）	0.1	十字架二（南十字座α星）	1.1
织女（天琴座α星）	0.1	毕宿五（金牛座α星）	1.1
五车二（御夫座α星）	0.2	北河三（双子座β星）	1.2
大角（牧夫座α星）	0.2	角宿一（室女座α星）	1.2
参宿七（猎户座β星）	0.3	心宿二（天蝎座α星）	1.2
南河三（小犬座α星）	0.5	北落师门（南鱼座α星）	1.3
水委一（波江座α星）	0.6	天津四（天鹅座α星）	1.3
马腹一（半人马座β星）	0.9	轩辕十四（狮子座α星）	1.3

从上表可以看出，确实存在0.9等、1.1等的星星，而恰好为1等的星星反倒没有。所以说，一等星仅仅是一个亮度的标准，只出现在一些计算中，它的存在只是为了研究和比较的方便。

我们还可以进行下面的计算：一颗一等星相当于多少颗其他星等的星呢？在右表中，我们给出了答案。

除了上表中列出的这些关系，对于一等星以上的星星，我们也可以得出相应的关系。比如说，南河三星是0.5等星，也就是说，它的亮度是一等星的 $2.5^{0.5}$ 倍，即1.6倍；老人星是负0.9等星，它的亮

一颗一等星相当于其他星等的数量

星等	颗数
二等	2.5
三等	6.3
四等	16
五等	40
六等	100
七等	250
十等	4000
十一等	10000
十六等	1000000

度是一等星的 $2.5^{1.9}$ 倍，即5.7倍；天狼星是负1.6等星，它的亮度就是一等星的 $2.5^{2.6}$ 倍，即10.8倍。

那么，对于用肉眼能看到的星空来说，它的全部光辉相当于多少个一等星呢？这个问题是非常有趣的。根据统计发现，后一等星的数量大概是前一等星的3倍，前面说过，它们亮度的比率为1：2.5，而在半个天球上的一等星大概是10个。所以，问题的答案就是下列级数的和：

$$10+\left(10\times 3\times \frac{1}{2.5}\right)+\left(10\times 3^2\times \frac{1}{2.5^2}\right)+\cdots\cdots+\left(10\times 3^5\times \frac{1}{2.5^2}\right)$$

所以有：

$$\frac{10\times \left(\dfrac{3}{2.5}\right)^6-10}{\dfrac{3}{2.5}-1}=95$$

也就是说，在半个天球上，肉眼可见的全部星的亮度之和大概相当于100个一等星（或者一个负四等星）。

最后我们再说一下六等以后的星星。前面提到，六等星是我们用肉眼刚好可以看到的星星，那么七等星呢？对于这一等级的星星，除非我们有超人的能力，否则，只能通过望远镜才能看到它们。截至目前，借助最强大的望远镜，我们可以观察到的星星是十六等星。在前面的问题中，如果我们把"肉眼可见"改为"望远镜可见"，那么，半个天球上全部星空的亮度大概相当于1100个一等星（或者一个负6.6等星）。

需要说明一点，虽然我们把恒星按照星等进行了划分，但这只是根据我们的视觉而得出的划分标准，并不是根据星体本身的亮度和物理特性得出的。有些星体可能并不发光，但由于距离我们较近，所以看起来亮度很高，反过来也一样，有些星体可能本身非常亮，但被我们划分为较低的星等。关于这一点，希望大家有一个清醒的认识。

用望远镜来看星星

对于那些遥远的恒星，我们通常用望远镜来进行观测，但望远镜是不是完全达到我们的要求呢？随着科学技术的发展，人类对宇宙的研究更深更广，浩瀚的宇宙不再是令人畏惧的所在。在对宇宙的探索过程中，使用最多的工具可能要数望远镜了。用望远镜观察物体的精准度跟它的物镜大小成正比，换句话说，物镜越大，可以捕捉到的细节越细微。

望远镜的原理跟光线进入我们眼睛的原理是一样的，我们将二者做一个比较，看看望远镜是怎么工作的。夜晚，我们在用肉眼看东西时，瞳仁的平均直径大概是7毫米，如果一个望远镜的物镜直径是10厘米，那么，通过物镜的光线将是通过瞳孔的 $\left(\dfrac{100}{7}\right)^2$ 倍，也就是大约200倍。因为望远镜的物镜比较大，所以，当我们用望远镜观察星体的时候，看到的星体的亮度增加了很多。

研究发现，这一特点只适用于观察恒星，这是因为，恒星发出的

光线是单一的亮点，而行星则不是。观察行星的时候，我们看到的是一个圆面，这就给研究增加了难度：在计算行星的像的亮度时，必须考虑望远镜的光学放大率。下面，我们来看一下用望远镜观察恒星的情形。

有了上面的知识，我们可以做一些运算。比如，已知某望远镜的物镜直径，我们就可以计算出，用它最多能看到哪一等星；反之，如果我们想观察某一等星，可以计算出望远镜所需要的物镜直径。例如，假设我们想看到15等以内的星，那么，需要的望远镜物镜的直径必须大于64厘米。那么，要想看到16等的星体呢？物镜的直径应该多大？我们可以通过下式来计算：

$$\frac{x^2}{64^2} = 2.5$$

其中，x为所求的物镜直径。容易得出：

$$x = 64\sqrt{2.5} \approx 100 \text{厘米}$$

也就是说，要想看到16等星，所需要的望远镜物镜直径至少是1米。一般来说，如果想把能看到的星等提高一等，需要把望远镜的物镜直径增加到原来的$\sqrt{2.5}$倍，也就是1.6倍。

不仅恒星有星等，太阳和月球也有星等。那么，它们的星等是多少呢？本节，我们就来讨论一下这个问题。

计算太阳和月球的星等

前面提到的那些计算方法，在这里仍然可以使用。也就是说，那些原则不仅适用于恒星，也适用于行星、太阳和月球等其他星体。但是，行星的亮度比恒星复杂得多，我们在这里只讨论一下太阳和月球。其实，根据天文学家的研究，人们已经得出：太阳的星等是负26.8等，满月时月球的星等是负12.6等。

前面提到过，最亮的恒星是天狼星，那么，太阳的亮度是天狼星的多少倍？继续套用前面的公式，我们可以得出，它们亮度的比率为：

$$\frac{2.5^{27.8}}{2.5^{2.6}} = 2.5^{25.2} = 10000000000$$

也就是说，太阳的亮度大概是天狼星的100亿倍。

可见，太阳比天狼星亮得多。那么，太阳的亮度又是月球的多少倍呢？前面提到：太阳的星等是负26.8等，换句话说，太阳的亮度是一等星的$2.5^{27.8}$倍；满月时月球的星等是负12.6等，即满月时月球的亮度是一等星的$2.5^{13.6}$倍。于是，太阳的亮度是满月的$\frac{2.5^{27.8}}{2.5^{13.6}} = 2.5^{14.2}$倍。

　　对于这一结果，我们需要查阅对数表，最终得出447000，也就是说，在晴天无云时，太阳的亮度大概是满月的447000倍。

　　刚才，我们对太阳和满月的亮度进行了对比，下面，我们来看一下它们反射的热量。光线会带来热量，而且，这一热量跟它们反射的光线成正比。月球反射到地球上的热量等于太阳照射来的$\frac{1}{447000}$。已知在地球大气的边界上，每1平方厘米的面积每分钟得到的太阳热量大概是2卡。这样对于月球来说，每分钟反射到地球上1平方厘米面积的热量不超过1卡的$\frac{1}{220000}$。可见，这点月光根本不可能对地球上的气候造成什么影响。相反，太阳对地球上的气候环境和四季变化造成了很大的影响，同时，也对我们的生产、生活起到了重要的作用。

　　有这样一种说法：月光可以消散云层，所以，有人认为，月光也含有能量，对地球的影响很大。其实，这一观点并不正确。晚上，在月光的照耀下，我们会看到云层发生的变化，这并不是说月光使云层发生了改变，而是帮助我们发现了它们的变化。

　　有些人很喜欢月亮，对于上面的说法，他们总是不愿意承认。诚然，夜晚的月亮是如此美丽，古往今来，很多文人都竞相用诗歌来赞美它。特别是在月圆之夜，它灿烂夺目，照亮了整个天空。下面，我们不妨来计算一下，满月的光辉比半个天球中所有可见星体的光加在一起强多少倍。将一等星到六等星全部加在一起，它们的光辉大概等于100个一等星。所以，这个问题就变为：满月的光辉是100个一等星的多少倍？这个比率就等于：

$$\frac{2.5^{13.6}}{100} = 3000$$

也就是说，在晴朗的夜晚，所有可见星体所发出的光只有满月光辉的 $\frac{1}{3000}$。如果跟日光比，这些星体的光只有晴天时日光的13亿（3000×447000）分之一。

比一比恒星和太阳的真实亮度

通过前面几节的学习，相信大家对星等的概念已经很清晰了，它指的是我们在视觉上感受到的星星亮度，即视亮度。那么，它们的真实亮度是怎样的呢？如何比较它们的真实亮度呢？

星体视亮度的大小，与它们的真实亮度以及它们与我们的距离有关系：在真实亮度一定的情况下，距离越近，星体的视亮度和星等越高；在距离一定的情况下，真实亮度越高，星体的视亮度和星等越高。前面我们讲到了星等，在不知道星体真实亮度和距离的情况下，星体间的比较没有什么意义。事实上，我们想知道的是，如果各个星体与我们的距离相等，那么它们亮度是怎样的？

前面提到的星等划分方法，其实是天文学家人为规定的划分标准，这里，我们采取同样的方法，对距离也进行规定，从而引出恒星"绝对星等"的概念。所谓的"绝对星等"是指，假如这颗星离我们的距离是10秒差距时的星等。这里的秒差距是测量

计算恒星绝对星等可以运用下面这个公式:

$$2.5^M = 2.5^m \times \left(\frac{\pi}{0.1}\right)^2$$

其中,M表示恒星的绝对星等,m表示它的可视星等,π表示恒星的视差,单位是秒。上面的公式可变形为:

$$2.5^M = 2.5^m \times 100\pi^2$$

$$M\lg 2.5 = m\lg 2.5 + 2 + 2\lg\pi$$

$$0.4M = 0.4m + 2 + 2\lg\pi$$

因此得出:$M = m + 5 + 5\lg\pi$

再以天狼星为例,计算它的绝对星等。

其中,$m = -1.6$,$\pi = 0''38$

$$M = -1.6 + 5 + 5\lg 0''38 = 1.3$$

恒星间距离的一种长度单位,1秒差距大概等于300000000000000千米。星体的亮度与距离的平方成反比,所以,在知道星体距离的情况下,很容易得出绝对星等的值。

统计发现,在距离太阳10秒差距之内的恒星中,发光能力的平均值大概等于绝对星等9等的星体。太阳的绝对星等为4.7,那么,其绝对亮度约为相邻星体平均亮度的 $\frac{2.5^9}{2.5^{4.7}} = 2.5^{4.3} = 50$ 倍。

由此可见,在太阳系中,太阳是最亮的星体。那么,如果把它跟天狼星进行比较,到底谁更亮呢?刚才提到,太阳的绝对星等是4.7,而天狼星的绝对星等是1.3,也就是说,如果天狼星距离我们300000000000000千米,那么,它就相当于一个1.3等的星体,在这一条件下,太阳是一个4.7等的星体。

天狼星的绝对亮度相当于太阳的 $\frac{2.5^{3.7}}{2.5^{0.3}} = 2.5^{3.4} = 25$ 倍。

事实上,太阳的视亮度大概是天狼星的10000000000倍,但它不是天空中最亮的。

最亮的恒星

在浩瀚的宇宙中，哪一颗星星最亮呢？是北极星，还是太阳？显然，这个问题不能只靠猜测。天文学家们研究和观察的结论是，在现有的观测能力下，剑鱼座S星是最亮的星星。

剑鱼座S星的绝对星等是负8等，它位于南天，我们在北半球的温带地区看不到它，而且，它距离我们特别远，用肉眼根本看不到。剑鱼座S星在小麦哲伦云的里面。小麦哲伦云跟我们的距离是天狼星跟我们距离的12000倍，是与我们相邻的另一个星系。

为了使大家对这个星体的发光能力有个直观的印象，我们把它跟天狼星进行一下比较：如果把剑鱼座S星放在天狼星的位置，它的亮度将是天狼星的前9等，大概跟上弦月和下弦月的亮度差不多；如果把天狼星放在剑鱼座S星的位置，它的亮度只有17等，即便利用最强大的望远镜，也只是隐约看到而已。

可见，剑鱼座S星的发光能力非常强。有人可能会问，它的发光能力到底是多大呢？科学家们给出的答案是：负8等。我们不妨再把它跟太阳进行一下比较。通过计算，得出的结果是：剑鱼座S星的绝对亮度约为太阳的100000倍！在已知的宇宙星体中，剑鱼座S星绝对是最亮的星星。

地球天空和其他天空各大行星的星等

前面我们主要讲了地球上可以看到的各星体的亮度，本节，我们讨论一下太阳系中各个行星上能看到的其他天体的亮度。讨论之前，我们先给出各行星在最亮时的星等，方便大家进行对比。

从左表可以看出，白天的时候，我们为什么用肉眼就能清楚地看到金星、木星等，却不能看到恒星。而且，我们还可以得出，在上述行星中，金星最亮，它的亮度是木星的 $2.5^{1.8}=5.20$ 倍。天狼星的亮度是负1.6等，金星的亮度是天狼星的 $2.5^{2.7}=11.87$ 倍，即便是土星，也比天狼星和老人星之外的其他恒星都亮得多。

在下面几个表中，我们给出了在金星、火星以及木星的天空看到的天体的亮度。

地球上观测到的各行星的星等

行星	星等
金星	- 4.3
火星	- 2.8
木星	- 2.5
水星	- 1.2
土星	- 0.4
天王星	+ 5.7
海王星	+ 7.6

在金星的天空

天体名称	星等	天体名称	星等
太阳	− 27.5	木星	− 2.4
地球	− 6.6	月球	− 2.4
水星	− 2.7	土星	− 0.5

在火星的天空

天体名称	星等	天体名称	星等
太阳	− 26	木星	− 2.8
卫星福波斯	− 8	地球	− 2.6
卫星戴莫斯	− 3.7	水星	− 0.8
金星	− 3.2	土星	− 0.6

在木星的天空

天体名称	星等	天体名称	星等
太阳	− 23	卫星Ⅳ	− 3.3
卫星Ⅰ	− 7.7	卫星Ⅴ	− 2.8
卫星Ⅱ	− 6.4	土星	− 2
卫星Ⅲ	− 5.6	金星	− 0.3

行星的亮度从各自的卫星上看时，卫星福波斯天空的满轮火星是最亮的，它的星等是 − 22.5；其次是卫星Ⅴ天空的满轮木星，它的星等是 − 21；然后是卫星弥玛斯天空的满轮土星，它的星等是 − 20，其亮度大概是太阳的 $\frac{1}{5}$。

最后，我们给出在各行星上相互看到的亮度表。

太阳系各行星相互间的亮度一览表

序号	行星	星等	序号	行星	星等
1	水星天空的金星	−7.7	8	金星天空的水星	−2.7
2	金星天空的地球	−6.6	9	水星天空的地球	−2.6
3	水星天空的地球	−5	10	地球天空的木星	−2.5
4	地球天空的金星	−4.4	11	金星天空的木星	−2.4
5	火星天空的金星	−3.2	12	水星天空的木星	−2.2
6	火星天空的木星	−2.8	13	木星天空的土星	−2
7	地球天空的火星	−2.8			

从上表可以看出，在这几个大行星的天空中，最亮的天体是水星天空的金星，其次是金星天空的地球和水星天空的地球。

为什么望远镜无法将恒星放大

用望远镜观测行星跟恒星有所不同，行星在望远镜里会被放大，而恒星不会被放大，反而会被缩小，呈没有圆面的一个光点。我们的先辈在首次使用望远镜时，对这一现象产生了疑问。据考证，伽利略是第一位使用望远镜的科学家，他将这一现象记录了下来：

"如果用望远镜观察行星和恒星，会看到它们的形状并不一样。行星看上去是个圆面，就像个小月亮，具有清晰的轮廓；而恒星则很模糊，或者可以说根本看不清它的轮廓。望远镜只是使它们看起来更亮，在亮度上，5等星和6等星跟天狼星差别很大。"

要解答这一问题，我们需要回顾一下视网膜成像的原理：当一个人远离我们时，他在视网膜上的成像会变小。当这个人离我们足够远时，他的头部和脚部在视网膜上的像会落在同一个神经末梢上，也就是说，这时我们看到的人将是一个没有轮廓的点。望远镜的成像原理也是如此，恒星距离我们非常遥远，所以，它最后成的像将变成一个点，望远镜只是增强了这个点的亮度，对它的大小没有任何改变。

当我们观察物体的时候，如果视角小于1′，就会出现刚才提到的"面化点"现象，但如果使用望远镜观察，就可以把所观察事物的视角放大，使得我们在观察时，物体上的细节能延展到视网膜上相邻的神经末梢。我们通常所说的"望远镜的放大倍数是100倍"，意思是通过这个望远镜观察时，物体的视角会放大到肉眼在同样距离时的100倍。不过，如果要观察的物体距离我们非常遥远，放大后的视角仍然小于1′，那么，即便使用望远镜，也是观察不到的。

根据前面的理论，如果在月球这么远的距离上观察一个物体，使用的望远镜是1000倍的，要想看清物体的细节，它的直径至少是110米；而如果在太阳这么远的距离上，物体的直径至少是40千米。所以，如果用同样的望远镜观测距离我们最近的恒星，这个恒星的直径至少是12000000千米，这个数字是非常大的，太阳的直径也只有这个数字的 $\frac{1}{8.5}$。如果将太阳移到这颗恒星的位置，使用1000倍的望远镜观

察，我们看到的也只是一个小点而已。

即便使用这么强大的望远镜，如果想把这颗最近的恒星看成一个圆面，它的体积至少是太阳的600倍才行。同样的道理，如果在天狼星那么远的距离上有一颗恒星，那么，这颗恒星的体积至少是太阳的500倍时，我们才会在望远镜里看到一个圆面。但是大多数恒星比天狼星远多了，且体积又比太阳小，所以，即便使用最强大的望远镜，也只能看到一些光点。

下面，我们再来讨论一下行星。天文学家在观察行星时，通常只使用中等放大率的望远镜。这是因为，在望远镜的使用中存在一个问题：它在放大物体的同时，也会把光线分散到更大的面积上。所以，当我们使用望远镜来观察太阳系中大一些的天体时，放大镜的放大倍数越大，天体的圆面越大，成的像也就越大，从而使得天体的亮度减弱，我们更不容易看清天体的细节。正是基于这一原因，为了看清天体的细节，天文学家不得不选择中等放大率的望远镜来进行观察。

有的读者可能会问：既然望远镜有这么多缺点，为什么天文学家还是选择它来观察恒星呢？这主要有以下几方面原因。

首先，恒星的数量非常庞大，我们肉眼所看到的只是很少一部分，在观察那些肉眼看不到的恒星时，必须借助望远镜。虽然恒星的大小并不能放大，但是，它的亮度会增加，这样，我们通过望远镜就可以在夜晚的天空看到它们。

其次是精度问题。我们的眼睛看到的范围是有限的，而且会受到宇宙中某些假象的迷惑，比如说，在天空的某处，肉眼只看到一颗星星，如果用望远镜观察，通常会发现双星、三合星或者更复杂的星团。虽然望远镜不能放大恒星的视直径，但可以放大它们之间的视距。所以，对于一些非常遥远的星团来说，如果用肉眼观察，可能什么也看不见，或者只看到一个光点，但通过望远镜，我们会发现它们原来是由很多颗星星组成的星团，如 图71 所示。

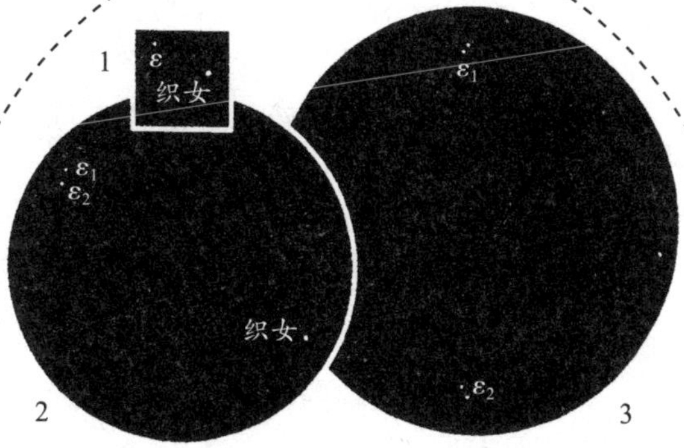

图71 不同观测状态下织女星附近的一颗恒星：（1）肉眼所看到的情景；（2）使用双筒镜所看到的情景；（3）用望远镜所看到的情景。

还有一个原因，就是视角的问题。使用现代的巨型望远镜，天文学家所拍摄照片的视角达到了$0''.01$。这是望远镜的一个重要功能，它可以把视角测量得非常精确。那么，到底精确到什么程度呢？举个例子来说，如果在100米远的地方有一根头发，或者1千米的地方有一枚硬币，通过望远镜我们都可以清楚地看到它们。这是肉眼无论如何也达不到的。

测量恒星的直径

在1920年以前，人们在谈论恒星的大小时，通常靠猜测，并把它的大小跟太阳进行比较，估计出一个平均值。那时的科学家们认为，测量恒星的直径是根本不可能的事情。在当时，他们确实没有这个能力。

不过，到了1920年以后，随着物理学的发展，天文学也迎来了新

的发展阶段。通过新的方法和工具，人们找到了测量恒星真正大小的方法。

这个方法很简单，它利用的是光的干涉现象。下面，我们来看一个实验。

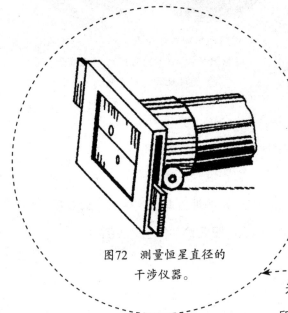

图72　测量恒星直径的干涉仪器。

实验所需仪器：一架放大率为30倍的望远镜；一个距离望远镜10～15米的光源；一张割了直缝的幕布，直缝的宽度约十分之几毫米；一个不透明盖子，用来盖住物镜，在它上面沿水平线和物镜中心对称的地方扎两个圆孔，圆孔的距离为15毫米，直径为3毫米，如 图72 所示。

实验内容：（1）物镜不盖盖子，用幕布遮住光源，通过望远镜观察，我们将看到一条狭长的缝，在它的两边，分布着暗弱的条纹；（2）物镜盖上盖子，这时，在中间那条明亮的狭条上，我们将看到很多垂直的黑暗条纹。如果我们把盖子上的一个小孔遮住，这些条纹就会消失。这是因为，光束在经过盖上的两个小孔射过来时发生了干涉，从而形成了条纹。

如果物镜前面的那两个小孔可以移动，换句话说，如果小孔中间的距离可以任意改变，那么，我们还会看到不同的现象。比如说，如果小孔之间的距离变大，刚才看到的黑色条纹会变模糊，当小孔之间的距离变大到某种程度时，条纹会消失。这时，我们记下条纹消失时两个小孔之间的距离，根据这个距离，就可以判断出观察者所见的直缝的视角大小。在此基础上，根据幕布上的直缝与观察者之间的距离，我们可以计算出直缝的实际宽度。

同理，在恒星直径的测量上，我们也可以用这个方法。在望远镜前面的盖子上，我们事先扎两个小孔，它们的距离可以变化。由于恒星的直径看起来太小，所以我们选取的是最大倍数的望远镜。

除了这个方法，还有另外一种方法，就是根据光谱来测量。这里，需要具备三个前提条件：一是恒星的温度；二是恒星的距离；三是恒星的视亮度。

根据恒星的光谱，天文学家可以计算出恒星的温度。知道了温度，就可以计算出1平方厘米的表面辐射的能量。知道了恒星的距离和视亮度，就可以计算出它全部表面的辐射量。最后，把这一数值除以1平方厘米表面的辐射量，就可以得出恒星表面的大小，进而计算出恒星的直径。现在，天文学家已经通过这种方法计算出了一些恒星的直径，比如说：五车二的直径大概是太阳的12倍，参宿四的直径大概是太阳的360倍，天狼星的直径大概是太阳的2倍，织女星的直径大概是太阳的2.5倍，而天狼星的伴星直径大概是太阳的2％。

可见，随着科学技术的迅猛发展，我们可以得出恒星的真正直径，而不是靠猜测。

恒星中的 "巨人"

知道了恒星的直径，我们就可以计算出恒星的体积。面对这些星体的数据时，我们一定会惊讶于它们的庞大，这是以前根本想象不到的。

1920年，第一颗被天文学家计算出体积的恒星是猎户座 α 星参宿四，它的直径比火星的轨道直径还要大，这让大家觉得非常惊讶。接下来，人们又计算出了天蝎座中最亮的星心宿二的直径，它的直径大概是地球轨道直径的1.5倍，如 图73 所示。此外，人们还计算出了鲸鱼座中的一颗星的直径，它的直径竟然达到了太阳的330倍。

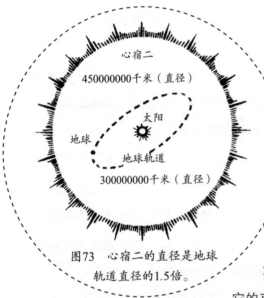

图73　心宿二的直径是地球轨道直径的1.5倍。

对于这些巨星的物理结构，天文学家也进行了分析，结果发现，它们的内部非常松软，里面的物质非常少，这一点与它们的"体形"很不相称。有的天文学家形象地说，这些恒星"就像密度比空气小得多的大气球"。确实如此，比如参宿四，它的质量只有太阳的几倍，然而它的体积却大概是太阳的40000000倍，它的密度之小可想而知。如果太阳物质的平均密度跟水差不多，那么，参宿四的密度就跟稀薄的大气相仿。

不可思议的计算结果

有的读者可能会提出这样的问题：如果把天空中的全部恒星一个挨着一个拼起来，它们的面积会有多大呢？我想，如果我说出这个问题的答案，一定会让很多读者觉得不可思议。这个结果是：如果把所有恒星的视面积合起来，它们在天空中的面积跟一个视直径为0.2的小圆面差不多。下面，我们就来分析一下。

前面我们提到过，如果把望远镜里所见的所有恒星的光辉加在一起，亮度相当于一个负6.6等星。而负6.6等星的光辉比太阳暗20等，换句话说，太阳光的强度是负6.6等星的100000000倍。我们不妨假设所有恒星温度的平均数等于太阳表面的温度，这样，就可以计算出这个星的视面积是太阳的$\frac{1}{100000000}$。因为，圆的直径与其表面积的平方根成正比，所以，这个星体的视直径就是太阳直径的$\frac{1}{10000}$，表示为算术式就是：$30' \div 10000 \approx 0.2''$。

从这个结果可以看出：如果把所有的恒星合起来，其面积只有整个天空的200亿分之一。

极重的物质

如果我们用手拿起一只装着水银的杯子，会感觉它非常重，简直超出了我们的想象。这是因为水银的密度非常大。水银的这一特性，使得它成为人们研究和关注的对象。有的读者可能会想，在宇宙中，是否也存在这样的物质呢？答案是肯定的。下面，我们就来看一下，迄今为止所发现的最重的星体是哪颗星。

这个星体就是天狼星附近的一颗小星。在讨论这颗小星之前，我们插一句题外话。我们早就知道天狼星的运行轨迹并不是直线，而是一条曲线，如 图74 所示，也正是这个原因，很早的时候，天文学家就对天狼星产生了浓厚的兴趣，并对它进行了专门的研究。

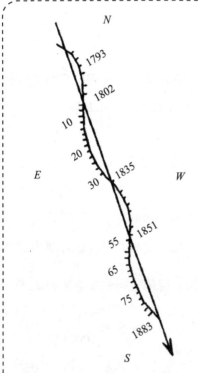

图74　1793～1883年，天狼星在众星中的运行路线。

时间到了1844年，海王星还没有被发现，德国著名的天文学家贝塞尔提出了一个推论：在天狼星的周围，肯定存在一个伴星，而且，在这个伴星引力的作用下，天狼星的运行轨道发生了改变。但直到他去世，这个推断都没有被证实。到了1862年，天文学家通过望远镜发现了他提到的这颗伴星，至此，他的推论才被证实。

　　后来，随着人们的不断研究，更多的人知道了这颗伴星的存在，而且，在它的身上还发现了一种非常奇特的现象，甚至说有些荒唐，这在宇宙中从来没有发现过。所以，天文学家进行了很多次试验，结果发现：这颗星所含的物质，比同体积的水差不多重60000倍，一杯这颗星的物质大概重12吨，这得用一节货运火车才能拉得动！

　　在天文学上，这颗 **伴星** 被称为"天狼B"星，它绕主星旋转一周的时间大概是49年。在亮度上，它的星等只有8～9等，也就是说，它是一颗暗星。但是，它的质量非常大，差不多是太阳的0.8倍。它与主星的距离大概等于海王星到太阳的距离，也相当于地球到太阳的20倍，如图75所示。如果把它与太阳进行深入比较，我们会发现它还有以下特

　　天狼星可能是一个三合星，因为它的伴星本身可能还有一个伴星，这个伴星光线很暗，旋转一周大约是1.5个地球年。

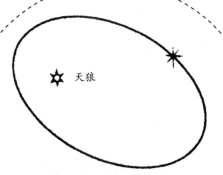

图75　天狼星伴星绕天狼星运行的轨道。天狼星并没有在这个椭圆形轨道的焦点上，椭圆形轨道也因为投影的原因发生歪曲，所以我们看见的轨道平面是倾斜的。

征：如果把太阳放在天狼星的距离上，太阳的星等是3等。如果把这颗星放大，使其表面跟太阳表面之比等于二者的质量之比，那么，这颗星的亮度就会和一颗4等星差不多，而不是8～9等。

起初，天文学家认为，可能是由于这颗星的表面温度太低了，所以无法发出足够的光，以至于看起来很暗。并且认为，这颗星的表面覆盖着一层固体的壳，所以，又把这颗星称为冷却的太阳。在很长一段时间里，人们都认可这种看法，直到几十年前才发现，虽然这颗星的亮度不高，但它并不是"冷却的太阳"或者"即将熄灭的恒星"，它的表面温度甚至比太阳还要高得多。它之所以看起来比较暗，是因为表面积比较小。

天文学家们通过大量的计算得出：这颗星发出的光是太阳的 $\frac{1}{360}$；根据前面我们讲到的光与半径的关系，得出它的半径应该为太阳的 $\frac{1}{\sqrt{360}}$，即 $\frac{1}{19}$。也就是说，天狼星伴星的体积是太阳的 $\frac{1}{6800}$，而质量却达到了太阳的 $\frac{8}{10}$，可见这颗星的密度极大。此外，有的天文学家甚至得出了更精确的计算结果：这颗星的直径为40000千米，因此它的密度大概是水的60000倍，如 图76 所示。

图76　天狼星伴星的物质密度大概是水的60000倍，几立方厘米的物质的质量相当于30个人的质量。

"警惕些吧，物理学家们，你们的领域要被侵犯了。"这是开普勒曾经说过的话，尽管他当时另有所指，但是，这句话放到这里同样适用。在固体状态下，普通原子中的空间已经非常小了，再对里面的物质进行压缩几乎不可能。即便是现在，在普通条件下，也很难想象这么大的密度。实际上，物理学家也从来没有想象过这样的事情。

这样只有一种可能，就是所谓"残破的"原子——失去了绕核转动的电子——在起作用。从大小上来说，一个普通原子跟一个原子核相比，就像一所大房子跟一只苍蝇相比。原子的质量主要在原子核上，电子几乎没有质量，如果原子失去了电子，它的直径大概会缩小到原来的 $\frac{1}{1000}$，但它的质量几乎没有减少。所以，在星球受到极大的压力时，作为核心的原子核会以惊人的幅度相互靠近，这种幅度非常大，甚至达到了普通原子间距离的几千分之一，于是就使得星球的密度变得非常大，进而形成了一种密度极大的物质。随着对这一现象的深入研究，人们发现了越来越多的类似物质。例如，有一颗12等星，它的大小并不比地球大，但它所含物质的密度达到了水的400000倍。"天狼B"星跟这颗星相比，密度小多了。

这还不是密度最大的。1935年，在仙后座里，天文学家发现了一颗13等星。这颗星的体积大概是地球的 $\frac{1}{8}$，质量却比太阳还大，大概是后者的2.8倍。如果用普通单位表示，每立方厘米这种物质的质量是36000000克，这大概是"天狼B"星的500倍。换句话说，1立方厘米的这种物质，在地球上重36吨，这一密度是黄金的 200万倍。我们知道，原子核的直径只有

这颗星的中心部分物质密度大到令人难以置信，大约是1立方厘米100亿克。

175

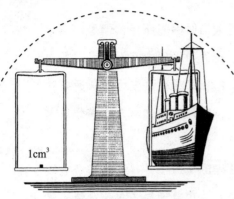

图77　1立方厘米的原子核的质量相当于大洋上一条轮船的质量,当原子核排列紧密时,1立方厘米的原子核甚至可达到1000万吨。

原子直径的 $\frac{1}{10000}$,所以,它的体积不会超过原子体积的 $\frac{1}{10^{12}}$。从理论上来说,如果物质只有原子核,那么,刚才提到的星体密度是可能存在的。比如说,1立方米金属所含的原子核体积大概是 $\frac{1}{10000}$ 立方毫米,如果所有的质量都集中在这么小的体积上,这块金属的密度就会非常大,计算后可以得出,1立方厘米这种物质的原子核大概重1000万吨,如图77所示。

在浩瀚的宇宙中,有很多奇异的事物。若干年前被认为不可能的事情,随着科技的发展和人们视野的扩大,很多都变成了可能。比如说,以前人们以为,密度比白金大几百万倍的东西不可能存在。现在,这一说法不得不进行修正。

为什么叫 "恒"星

我们经常提到"恒星"或者"行星",如果单从字面上理解,"恒"的意思是稳定不变,而"行"的意思就是变化，这确实说明了它们的基本区别。以前，人们命名时正是考虑了它们的不同特点："恒星"指的是相对静止、稳定的星星，而"行星"则指的是围绕恒星不停运转的星星。虽然恒星也会运动，比如参与天空中环绕地球进行昼夜升沉的运动。不过，这种运动并没有改变它们固有的位置，而行星的位置总是不断发生变化。

其实，在宇宙中，所有的恒星彼此都在进行相对运动，太阳也不例外，而且，它们的运动速度并不比行星慢，其平均速度大概是30千米/秒，可见，恒星并不是静止的。相反，我们在恒星的世界里发现了一颗星，它跟太阳的相对速度为250~300千米/秒，所以，我们也把这颗恒星称为"飞星"。

有的人可能会说，为什么我们感受不到也看不到它们如此疯狂的运动呢？当我们仰望星空的时候，总是看到它们停留在同一个位置上。其实，不管是过去，还是现在，它们都没有什么变化，千百年过去了，它们一直平稳地待在天空中，怎么可能会每年走几十万万千米？

其中的道理并不难理解。因为这些恒星距离我们实在是太遥远了。很多人都有过这样的体验：站在高处看远处地平线上运行着的列车，感觉它像乌龟在爬。但是，如果我们走近观察，就会发现火车跑得非常快，甚至会让我们产生头晕的感觉。同样的道理，由于恒星距离我们太远了，远到我们无法想象，所以，我们根本感觉不到它的速度，也就感受不到它的运动。

最亮的恒星跟我们的距离大概是800亿千米，它一年的运动距离大概是10亿千米，也就是说，在一年的时间里，我们与它的距离缩小了80万分之一，这个比例是非常小的。如果把它放到地球的夜幕上，这个比例会更小。人们在观察的时候，眼睛随着这颗星移动的视角还不

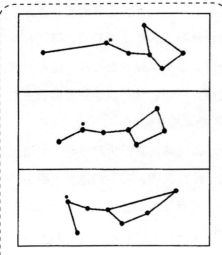

图78 星座的运行变化很缓慢。图中
从上至下分别是大熊星座10万年前、
现在和10万年后的形状。

到0.25秒，这么小的角度，
即便使用精确的仪器也只
能勉强分辨。如果用肉眼
观察，就算花上更长的时
间也感觉不到任何变化。

　　天文学家们通过无数
次测量，发现了星体的移
动，并得出了一些结论，
如图78、图79、图80所
示。

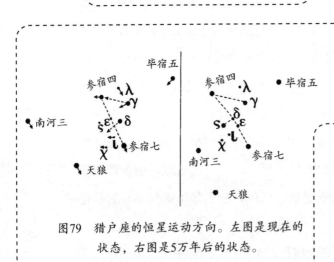

图79 猎户座的恒星运动方向。左图是现在的
状态，右图是5万年后的状态。

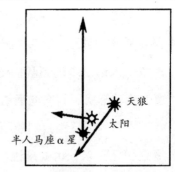

图80 三颗相邻的恒星——太阳、
半人马座α星和天狼星的运动方向。

其实，我们也不能简单地认为"恒星是永恒不动的"这句话错误，因为用肉眼观察，它们确实是恒定不动的。另外，虽然这些恒星一直在飞速运动，但它们相遇的机会非常渺茫，如图81所示。

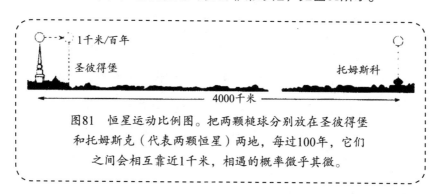

图81　恒星运动比例图。把两颗槌球分别放在圣彼得堡和托姆斯克（代表两颗恒星）两地，每过100年，它们之间会相互靠近1千米，相遇的概率微乎其微。

望远镜的发明，为我们观察星空带来了很大的便利，但是，除了这类工具之外，我们还应该知道，理论基础也是非常重要的，特别是在长度

用什么单位来表示天体之间的距离

的测量上，究竟应该采取什么样的计量单位呢？下面，我们就来讨论一下。

通常情况下，我们采用的长度单位是千米或者海里（1海里约为1852米）。但如果用于宇宙中的测量，这些单位根本不适用。比如木星到太阳的距离，如果用千米作为计量的单位，就是78000万，这就像用毫米来表示一条铁路的长度一样，描述起来非常麻烦。

　　为了便于描述，天文学家们采用了更大的长度单位，将地球到太阳的平均距离（149500000千米）作为单位，这就是"天文单位"。这样，在计算的时候，就会省掉很多0，非常方便。在这样的计量单位下，木星到太阳的距离是5.2，土星是9.54，水星是0.387。

　　不过，这个单位仅适用于太阳系，如果用它来表示太阳到别的恒星的距离，仍然显得太小。比如，距离我们最近的一颗恒星是半人马座的 比邻星 ，如果用前面提到的单位来表示

> 比邻星与半人马座 α 星是并列在一起的。

它到地球的距离，就是260000，这个数字很大，所以还是不方便，而且，很多恒星比它距离我们远多了。所以，天文学家们又提出了其他的单位："光年"和"秒差距"。

　　"光年"指的是光一年所走过的路程，1光年与地球轨道半径长度的比例，相当于1年的时间与8分钟的比例。我们可以这么想，光从地球到太阳所花的时间是8分钟，这样，就可以想象出这个单位有多大。如果用千米来表示1光年，它等于9460000000000千米，大概是95000亿千米。

　　而"秒差距"比光年还要大，它通常用来计算星际间的距离，在天文学中，这个单位非常普遍。说起它的来源，比光年复杂多了，下面，我们就来看一下它到底表示多远的距离。

　　我们引入一个新的概念——"周年视差"。它指的是在星球上看地球轨道半径时的视角，所以说，周年视差其实就是视角。如果在某个点上看地球轨道半径时的视角正好为1秒，那么，这个点到地球轨道的距离就是1秒差距。从这个单位可以看出，天文学家把"秒"和"视差"这两个词连在了一起，从而构造出了秒差距。此外，天文学

家通过计算得出：1秒差距相当于206265个天文单位，1秒差距相当于3.26光年，也就是30800000000000千米。前面我们提到了半人马座中的比邻星，仍然以它为例，它的视差是0.76秒，而距离跟视差成反比，所以，这颗星距离我们 $\frac{1}{0.76}$，或者1.31秒差距。

下面，我们再来看几颗恒星的距离，分别用秒差距和光年来表示。

右表中的这些恒星还算离我们近的。如果把上面的单位换成千米，应该这么换算：先把第一列中的各个数乘以30，然后，在得出的数后面添上12个零。除了光年、秒差距外，还有一个单位更大，就是"千秒差距"，它跟"秒差距"是1000比1的关系，就像千米和米一样。至于为什么

恒星名称	秒差距	光年
半人马座 α 星	1.31	4.3
天狼星	2.67	8.7
南河三	3.39	10.4
河鼓二	4.67	15.2

采用这个单位，原因很简单，光年和秒差距仍然不够使用。通过简单的计算，我们可以得出，1千秒差距相当于30800万万万千米。如果用千秒差距来表示银河系的直径，大概是30，而我们距离仙女座星云大概205千秒差距。可见，这样表示看起来简单多了。

随着天文学家对空间研究的深入，上面提到的这些单位仍然不够用，于是，便提出了更大的单位，比如"百万秒差距"。各个天文单位之间的关系是这样的：

1百万秒差距=1000000秒差距

1千秒差距=1000秒差距

1秒差距=206265天文单位

1天文单位=149500000千米

那么，你知道百万秒差距到底有多长吗？如果把1000米缩小到头发粗细，那么，百万秒差距就相当于15000万万千米，这个数值大概是地球到太阳距离的1万倍。我们可以打个形象的比方帮助读者来理解这一单位。我们知道，蛛丝随着长度的增加，质量也会增加。举个例子说，如果在莫斯科和圣彼得堡之间有一条蛛丝，那么，它的重量大概是10克。如果从地球到月球之间有一条蛛丝相连，蛛丝则是8千克，而从地球到太阳的蛛丝可达3吨，但是，如果这条蛛丝的长度是一百万秒差距那么长，那么，它的重量就是600000000000吨。

离太阳最近的恒星系统

前面提到过，距离太阳最近的恒星是飞星和半人马座α星。

说到飞星，它属于蛇夫座，是一颗小星，星等为9.5等。它也可算作北天中距离我们最近的恒星，跟我们的距离大概是半人马座α星的1.5倍。我们为什么称它为飞星呢？这是因为，它运动的时候跟太阳成一定的倾斜角，而且运动速度非常快，在一万年之内，它会两次逼近地球。这时，它比半人马座α星距离我们近多了。

很早以前，我们就观测到了半人马座α星，只不过，过了很长一段时间后，我们才对它有了全面的认识。一开始，我们以为这是一颗星，后来发现它是双星。近年来，在半人马座α星附近，人们又发现了一颗星等为11的星，于是它成了一个三合星，至此，我们才真正全面地了解这颗星。即便后来发现的第三颗星距离另外两颗星大于2°，但由于它们的运动具有一致性，速度及方向都相同，所以，我们仍然认为它是半人马座α星的一员。

人们还给第三颗星起了个名字，叫比邻星，在半人马座α星的这三颗星中，比邻星是离我们最近的，比另两颗星距离我们近约2400天文单位。这三颗星的视差分别是：

半人马座α星（A和B）：0.755

比邻星：0.762

如图82所示，这个三合星的形状看起来非常奇怪。之所以会是这个形状，是因为它们之间的距离太大了：A星到B星的距离是34天文单位，而比邻星和它们的距离大概是13光年。

A星和B星围绕三合星的重心旋转一周的时间是79年，而比邻星是100000年以上。在运动过程中，它们的位置会发生变化，不过，这个变化非常小，所以，比邻星根本不会担心自己"最近恒星"的名衔被其他两颗星抢走，对于A星和B星来说，这绝不是短时间就可以完成的任务。

图82 半人马座α星中的A星、B星、比邻星是离太阳最近的恒星。

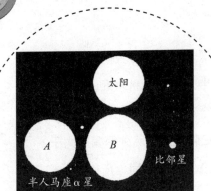

图83　半人马座α星中的
三颗星和太阳的
大小对比图。

最后，我们来看一下这几颗星的物理特性。

无论在亮度、质量还是直径上，半人马座α星中的A星都比太阳还要大一些，如图83所示。而B星的质量比太阳小一些，亮度只有太阳的$\frac{1}{3}$，直径是太阳的$\frac{6}{5}$。我们知道，太阳表面的温度大概是6000℃，B星表面的温度是4400℃。比邻星的颜色是红色的，它的表面温度只有太阳的一半，也就是3000℃。比邻星的直径大概介于木星和土星之间，质量却大得多，大概是它们的几百倍。比邻星到A、B两星的距离是冥王星到太阳的距离的60倍，是土星到太阳距离的240倍，而它的大小却跟土星差不多。

宇宙的比例尺

在前面的章节中，为了形象描述太阳系的大小，我们曾经构造过一个缩微的太阳系模型。在本节中，我们把这个模型放到恒星当中，看看它会成为什么样子。

在这个模型中，我们用别针头来表示地球，用直径为10厘米的网球来表示太阳，用直径为800米的圆来表示太阳系。在接下来的讨论中，我们继续沿用这个比例尺，只不过，我们把它们的单位变化一下，变成"千千米"。这时地球的圆周长就是40，地球到月球的距离就是380。下面，我们把这个模型进行一下扩展，放到地球之外来看看。我们先来看一下距离我们较近的地方。前面一节中说过，距离我们最近的恒星是半人马座中的的比邻星，它到网球的距离是2600千米；而天狼星位于5400千米之外；河鼓二距离它9300千米。再远一点是织女星，它距离这个模型22千千米；大角是28千千米；五车二是32千千米；轩辕十四是62千千米；再远一些是天鹅座的天津四，它到这个模型的距离超过了320千千米，这个数字差不多是月球到地球的距离。

继续以这个模型为参考，我们来看一下更远的距离。比如，在这个模型中，银河系中最远的恒星到我们的距离是30000千千米，这大概是月球到地球距离的100倍。对于银河系之外的其他星系，我们仍然可以借助这个模型来进行比较。比如，仙女座星云和麦哲伦云，它们很亮，在夜间，我们用肉眼就可以看到。在这个模型中，小麦哲伦云的直径是4000千千米，大麦哲伦云的直径是5500千千米，它们到整个银河系模型的距离是70000千千米。而仙女座星云的直径更大，约为60000千千米，银河系模型是500000千千米，也就是说，这几乎是我们到木星的真实距离！

说了这么多，相信大家对这个模型有了深刻的认识。现代天文学研究的还不止上面这些，除了仙女座星云和麦哲伦云外，它还包括银

河系以外的那些恒星，也就是所谓的河外星云，它们到太阳的距离大概是600000000光年。如果读者对此感兴趣，可以利用上面的模型来计算一下这些河外星云距离我们有多远，它们应该在什么位置。利用这个模型，可以帮助我们对宇宙的大小有一个重新的认识和定位。

Chapter 5
万有引力

垂直向上
发射的炮弹

不知道大家是否想过这样的问题：如果我们在赤道上用一门大炮竖直向天空发射一枚炮弹，那么，这枚炮弹最后会落在哪里？

这个问题最早出现在一本杂志上，当时引起了人们的激烈讨论。假设我们可以发射这样一枚炮弹，它的初速度是8000米/秒，方向是垂直向上，那么，70分钟后它到达的高度正好等于地球的半径，也就是6400千米。下面，我们先看看那本杂志是怎么说的：

"如果这枚炮弹在赤道上竖直向上发射，那么，在它从炮口飞出的瞬间，便有了一个向东旋转的地球自转速度，也就是465米/秒。所以，在接下来的时间里，炮弹会以这个速度在赤道的上空沿赤道进行平行运动。而在炮弹发射的瞬间，它正上方6400千米处的那一点，以2倍的运动速度沿着一个半径为2倍的圆周向前运动。很明显，它们都是向东运动的，而且6400千米处的那一点会比炮弹运动得更快一些。所以，炮弹到达的最高点并不是在出发点的正上方，而是在出发点正上方的西边某处。同理，炮弹下落的时候，情况也一样。炮弹在经历了从发射升空到下落这一过程后，会落到出发点的西边，距离出发点大概4000千米的地方。如果我们想让炮弹落到出发点，就不应该竖直向上发射，而是使炮身倾斜5°发射。"

但是，在弗拉马利翁的《天文学》中，作者对这一问题进行了不同的阐述：

"如果我们用大炮竖直向上发射一枚炮弹，那么，这枚炮弹最后会落到发射点，而且落进炮口里面。在炮弹上升和下落过程中，虽然大炮也跟着地球一起向东运动，但是，炮弹在上升的时候也会受到地球自转的影响，得到的自转速度是一样的。所以，来自地球和炮口的这两个力并不冲突：如果它上升了1千米，那么，它也会同时向东运动6千米。从空间上看，炮弹的运动轨迹是一个平行四边形的对角线，而且，这个四边形的边长分别是1千米和6千米。炮弹在下落的时候会受到重力的作用，它这时的运动路线就是沿着这个平行四边形的另一条对角线。更确切地说，它下落的时候是加速运动，所以，运动路线是一条曲线。综上所述，炮弹最后会落回到一开始发射时的炮口中。

"不过，这个实验很难实现。一方面，很难找到这么精确的大炮；另一方面，我们很难使炮口完全垂直。17世纪，有两个人曾做过这个实验，他们分别是吉梅尔森和军人蒲其，很遗憾，他们把炮弹发射出去后，最后却没找到

图84 垂直向上发射炮弹的示意图。

落下来的炮弹。在瓦里尼昂1690年出版的《引力新论》的封面上，画着一座大炮，旁边站着两个人，他们一直仰望着天空（图84）……

"后来，他们又做了很多次实验，但不知道什么原因，炮弹最后都没有落下来，他们期待的结果没有出现。所以，他们最后得出结论：炮弹留在了空中，永远不会回来了。在这一点上，瓦里尼昂曾经说过这样的话：炮弹竟然会一直悬挂在我们的头顶上！这真是太神奇了！后来，斯特拉斯堡也做了这一实验，结果，在距离大炮几百米的地方，发现了落下来的炮弹。显然，他们都没有成功，主要原因在于没有使炮口足够垂直。"

从前面的例子可以看出，关于这个问题，存在着不同的看法。有人认为，炮弹会落到距离发射点很远的西边；也有人认为，炮弹会落回到炮口里。究竟哪一种说法是正确的呢？

从严格的意义上来说，这两种观点都是错误的。实际情况是，炮弹会落到发射点西边的某个地方，不过没有前面说的那么远；当然了，炮弹不可能落回炮口。

对于这个问题，利用基本数学是解释不清楚的，所以，我们只在这里给出推算结果。

假设炮弹的初速度是 v，地球自转的角速度是 ω，重力加速度是 g，那么，我们可以通过下面的公式计算出炮弹最后的落地点（大炮的西边）到发射点的距离：

在赤道上：

$$x = \frac{4}{3} \omega \frac{v^3}{g^2} \qquad\qquad (1)$$

在纬度 φ 上：

$$x = \frac{4}{3} \omega \frac{v^3}{g^2} \cos\varphi \qquad\qquad (2)$$

下面，我们就根据上面的公式来解答前面的问题，已知：

$$\omega = \frac{2\pi}{86164}$$

$$v = 8000 \text{米/秒}$$

$$g = 9.8 \text{米/秒}^2$$

把它们代入式（1），得：

$$x = 50 \text{千米}$$

所以，炮弹会落在大炮的西边，并且距离炮口50千米，而不是前面提到的4000千米。

如果把上式放在弗拉马利翁的问题里，炮弹不是在赤道发射，而是在纬度48°靠近巴黎的一个地方，炮弹的初速度为300米/秒，也就是说：

$$\omega = \frac{2\pi}{86164}$$

$$v=300米/秒$$

$$g=9.8米/秒^2$$

$$\varphi=48°$$

把上述数据代入式（2），得：

$$x=1.7米$$

由此可见，炮弹落在距离炮身1.7米处，根本不是那个天文学家说的落回炮口之中。需要说明的是，在计算中，我们没有考虑气流对炮弹的偏向作用，所以，实际距离会跟这个数值有一定的偏差。

高空中的物体质量变化

在前面一节的讨论中，我们没有考虑这样的问题，就是随着物体与地面的距离增大，物体的重力会越来越小。实际上，我们通常所说的重力指的就是万有引力。根据牛顿定律，两个物体间的吸引力跟它们的距离平方成反比，也就是说，两物体间的距离越大，它们之间的引力越小。在计算重力的时候，我们常把地心作为地球质量的集中点，地球跟物体之间的距离就是地心到物体的距离，也就是物体距离地面的高度再加上地球的半径。6400千米高空，等于地球半径的2倍，地球引力是地球表面引力的$\frac{1}{4}$。

如果把这一规律用于竖直向上发射的炮弹，由于在高空时，炮弹受到的重力影响小，因此，它上升的高度比不考虑重力影响时要大。假设炮弹的初速度是8000米/秒，如果考虑重力随高度变化的因素，炮弹可以升到的最高点应该是6400千米，但是，如果不考虑这一因素的影响，直接用公式计算，得出的结果只有这一数值的一半。关于这一点，我们可以通过下面的计算来验证一下。在物理学和力学中，如果一个物体竖直上升的初速度是v，那么，在重力加速度g不变的情况下，它升到的最高点可以利用下面的公式来计算：

$$h = \frac{v^2}{2g}$$

其中，v=8000米/秒，g=9.8米/秒²。

也就是说：

$$h = \frac{8000^2}{2 \times 9.8} = 3265000 = 3265 \ 千米$$

可见，这一结果大约是地球半径（6400千米）的一半，这里没有考虑重力随高度变化的影响，所以产生了这么大的误差。因为地球与炮弹之间的引力会随着炮弹的升高而不断减小，而炮弹的初速度并没有变化，所以，这时炮弹会升到更高的位置。

需要指出的是，我们并不是说传统的物理公式是不正确的，只要不超过公式的适用范围，它仍然适用。一般来说，只要物体距离地面不是太远，重力减小的作用可以忽略不计。比如，一个物体竖直上升的初速度是300米/秒，这时，它的重力减小得并不明显，所以，完全可以利用上面的公式来进行计算。

根据这一规律，当火箭或者飞船升到高空，在距离地球非常遥远

的地方，它的重力会不会变得很小呢？换句话说，在非常高的空中，一个物体的质量会发生怎样的变化呢？1936年，一位叫康斯坦丁·康基纳奇的飞行家对此进行了专门的实验。当时，这位飞行家试验了3次，每次带着不同质量的物体，就是想验证一下，当物体达到一定高度的时候，它的质量会发生什么变化。第一次，他携带物体的质量是0.5吨，升到了11458米的高空。第二次，他带着1吨的物体，升到了12100米的高空。第三次，他带的物体的质量是2吨，飞到了11295米的高空。实验结果如何呢？有的读者可能以为，地球的半径是6400千米，只不过在这个基础上增加了12千米，变化不大，对质量的影响应该也很小。但是，结果出乎大家的意料，虽然这个距离只增加了一点儿，物体的质量却轻了很多。

我们就以第三次实验为例来分析一下，物体在地面时的质量是2吨，飞到了11295米的高空，那么，此时物体与地心的距离就相当于地面上的$\frac{6411.3}{6400}$倍，这样，物体在空中和地面所受到的引力之比为：

$$1:\left(\frac{6411.3}{6400}\right)^2 \text{ 或} 1:\left(1+\frac{11.3}{6400}\right)^2$$

所以，物体在11295米高空时的质量为：

$$2000 \div \left(1+\frac{11.3}{6400}\right)^2 \text{千克}$$

利用近似值算法，可以得出答案是1993千克，也就是说，当2吨重的物体升高到11.3千米的高空时，它的质量将减少7千克！同理，如果是1千克重的砝码，那么，它在这个高度时的质量会变成996.5克。

其实，这样的例子还有很多：在俄国，曾经有一艘平流层飞艇飞到了22千米的高空，结果发现，每千克质量减轻了7克。同样是在1936

年，一位叫尤马舍夫的飞行员带着5000千克重的物体飞到了8919米的高空，物体的质量减轻了14千克。

根据上面的方法，读者可以分析一下下面两种情况：

（1）1936年11月4日，一位叫阿列克谢耶夫的飞行员带着1吨重的物体飞到了12695米的高空，物体的质量发生了怎样的变化？

（2）1936年11月11日，一位叫纽赫季科夫的飞行员带着10吨重的物体飞到了7032米的高空，物体的质量又会如何变化？

用圆规来画出行星轨道

开普勒提出了行星运动的三大定律，其中的第一条是这样的：行星的运行轨道都是椭圆形的。对于这一论述，很多人都会感到困惑，太阳吸引各个方向的物体的力量应该是均匀的，而且，随着距离的减小，引力也同等程度减小，那行星为什么不是沿着圆形的轨道而是椭圆形的轨道运行呢？即便轨道是椭圆形的，太阳为什么不在轨道的中心位置呢？

如果想用数学方法来分析这个问题，需要用到高等数学的内容，分析起来比较复杂。有没有一种方法，只需要简单的实验和初级数学理论就能讲清楚这一问题呢？答案是肯定的。只需要尺子、圆规以及一张大一些的白纸就可以了。下面，我们就来看一下具体的方法。

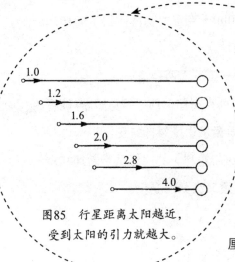

图85 行星距离太阳越近，
受到太阳的引力就越大。

如 图85 所示，图中的大圆圈表示太阳，小圆圈表示行星，箭头表示万有引力，而且，箭头的长短表示引力的大小。

不妨假设某颗行星到太阳的距离是1000000千米，我们在图中画一条5厘米的线段来表示这一距离，也就是说图中比例尺为1厘米表示200000千米。用0.5厘米长的箭头表示太阳对这颗行星的引力。

假设在引力的作用下，行星慢慢向太阳靠近，直到距离太阳900000千米为止，也就是图中4.5厘米处。根据万有引力定律，此时太阳对这颗行星的引力应该增大到原来的 $\left(\dfrac{10}{9}\right)^2$ 倍，即1.2倍。一开始，我们把它们之间的引力用0.5厘米的箭头来表示，那么，表示此时引力的箭头应该变成原来的1.2倍长，也就是0.6厘米。如果行星到太阳的距离变为800000千米，即图中的4厘米处，此时的引力将增大到原来的 $\left(\dfrac{5}{4}\right)^2$ 倍，也就是1.6倍，箭头就会变长至0.8厘米。如果行星继续向太阳靠近，它们之间的距离减小到700000千米、600000千米和500000千米时，那么，表示引力的箭头就相应地变成1厘米、1.4厘米和2厘米。

在相同的时间内，天体在引力作用下的位移跟这个引力的大小成正比。所以，前面提到的箭头除了可以用来表示引力的大小外，也可以用来表示天体位移的大小。

其实，我们还可以继续画下去，甚至可以把行星位置的变化图绘制出来，也就是这颗行星围绕太阳运行的轨道。如**图86**所示，假设在某个时刻，有一颗跟图中行星等质量的行星以2个单位的速度沿*WK*方向运动到点*K*。如果此时行星到太阳的距离是800000千米，那么，在引力的作用下，过一段时间后，它会运动到距离太阳1.6个单位的位置。假设在这段时间里行星沿*WK*方向运动了2个单位的长度，那么，它的运动轨迹就是以*K*1和*K*2为两边的平行四边形的对角线*KP*。由图中可以看出，这条对角线的长度是3个单位。

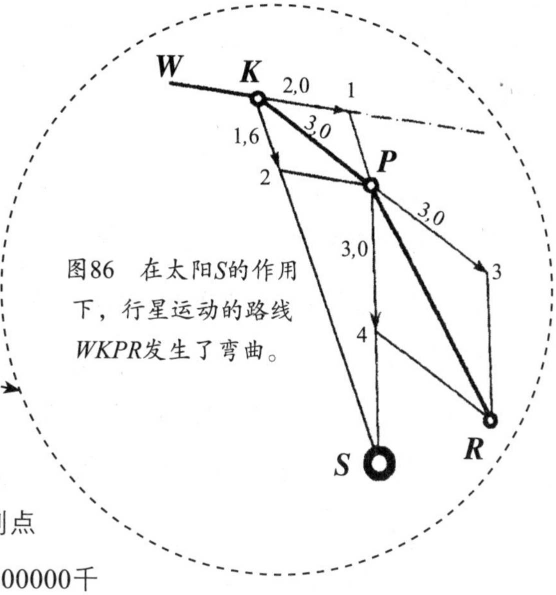

图86　在太阳*S*的作用下，行星运动的路线*WKPR*发生了弯曲。

行星到达点*P*后，会继续沿*KP*方向以3个单位的速度运动，这时，它到太阳的距离是*PS*=5.8单位；在太阳引力的作用下，这颗行星将会沿*PS*方向运动*P*4=3个单位。

从图86可以看出，由于比例尺太大，我们无法再继续画下去。要想画出更大的轨道范围，必须缩小比例尺，这样会给我们带来一个好处，就是画出的直线连接处不是尖角，而是比较平滑，看起来更像是行星的运行轨迹。如**图87**所示，这是一张用小

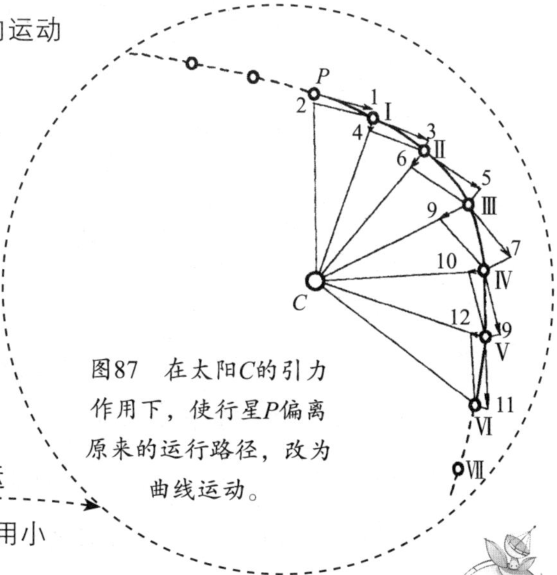

图87　在太阳*C*的引力作用下，使行星*P*偏离原来的运行路径，改为曲线运动。

比例尺画出的图，从这个图上，我们可以直观地看出太阳与行星之间的相互影响，在太阳引力的作用下，行星偏离了原来的运行路线，改为沿曲线 P Ⅰ Ⅱ Ⅲ Ⅳ Ⅴ Ⅵ 运动。而且，由于比例尺较小，图中连线的尖角很平滑，连接起来的是一条光滑的曲线。

下面，我们通过几何学上的帕斯卡六边形定理来分析一下轨道曲线的类型。首先，找一张透明的纸，盖在图87上，从图中的轨道上找出任意的6个点，描在纸上，并把它们进行任意编号，然后，按刚才的编号顺序把这6个点用直线连起来，这样，我们就得到了一个行星轨道上的六边形（其中有些边可能相交），如**图88**所示。然后，延长直线1—2和直线4—5，使它们的延长线相交于点Ⅰ。同理，延长直线2—3和直线5—6，使它们的延长线相交于点Ⅱ，延长直线3—4和直线1—6，使它们的延长线相交于点Ⅲ。

如果这条轨道曲线是椭圆、抛物线或者双曲线，也就是圆锥曲线中的某一种，那么，点Ⅰ、Ⅱ和Ⅲ将位于同一条直线上。

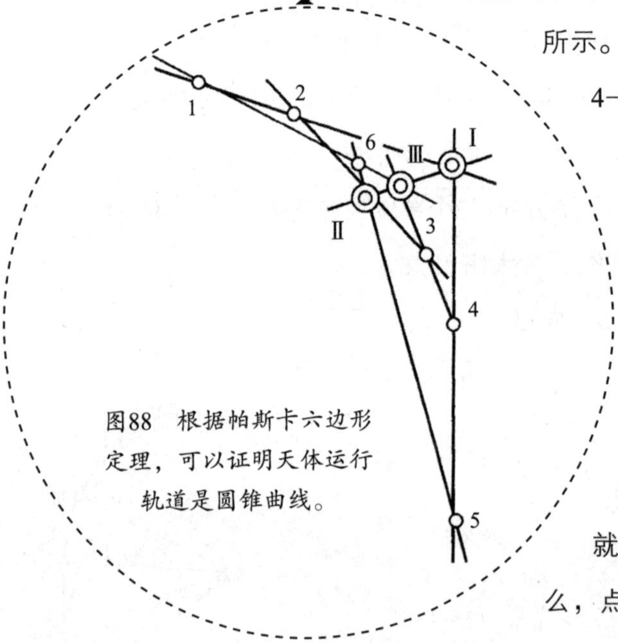

图88 根据帕斯卡六边形定理，可以证明天体运行轨道是圆锥曲线。

根据帕斯卡六边形定理，只要我们把图画得非常精确，就可以使这三个交点在一条直线上，从而证明轨道曲线一定是圆锥曲线，也就是椭圆形、抛物线或者双曲线中的一种。

开普勒行星运动的第二定律，即面积定律，也可以通过这一方法来证明。如前面的图21，图中的轨道被12个点分成了12段，每一段弧长表示行星在相同的时间里走过的距离，它们的长度并不相等。如果把太阳跟这12个点分别用直线连起来，我们可以得到12个近似三角形。然后，再把相邻的各点连起来，就可以得到一个封闭三角形，测量出每个三角形的底和高，可以得出它们的面积。我们会发现，这些三角形的面积都相等，从而证明了开普勒第二定律：在相同的时间内，行星运行轨道的向量半径所扫过的面积都相等。

综上所述，通过一个小小的圆规，我们就可以证明关于行星运动的两条定律，这真是太神奇了。遗憾的是，对于第三条定律，我们必须用笔进行一些计算才能证明。

向太阳坠落的行星

你有没有想过这样一个场景？某天，我们所生活的地球突然停止了绕日运动，那么，这会带来怎样的后果呢？有的读者可能会说：这样地球肯定会燃烧起来，因为如此庞大的不断运动的行星一旦停止运动，它所储存的巨大能量不得不寻找其他的方式释放出去，最后只能转变成热能，又由于地球一直在进行高速度的运动，所以，在能量转化的瞬间，就足以使地球化成一团炙热的云雾。

即便地球幸运地逃脱了这一灾难，也会遭受另一种更大的灾难。我们知道，如果地球停止公转，那么，它一定会在太阳强大的引力下慢慢靠近太阳，最后，在太阳炙热的火焰中燃烧殆尽。

而且，在这个过程中，地球下落的速度会由小变大，在开始的第一秒时间里，地球可能只向太阳靠近了3毫米，但在此后的每一秒里，地球都会以成倍的速度向太阳靠近，最后，地球会以高达600千米/秒的速度撞到太阳炽热的表面上。

那么，这个过程持续多长时间呢？根据开普勒第三定律，关于时间和距离，它们具有以下关系：对于所有行星来说，它们运行轨道的半长径的立方跟它们绕日公转周期的平方之比是一个常量。

这样，我们可以把向太阳坠落的地球看成一颗沿椭圆形轨道运行的彗星，这个轨道呈扁长形，其中的一个端点在地球轨道附近，另一个端点为太阳的中心。那么，彗星轨道的半长径就是地球轨道的 $\frac{1}{2}$。根据开普勒第三定律，我们有下面的比例式：

$$\frac{（地球绕日周期）^2}{（彗星绕日周期）^2} = \frac{（地球轨道半长径）^3}{（彗星轨道半长径）^3}$$

地球绕日公转的周期为365天，假设地球轨道的半长径为1，则彗星轨道的半长径为0.5，把这些数值代入上式得：

$$\frac{365^2}{（彗星绕日周期）^2} = \frac{1}{0.5^3}$$

由此可得：

$$（彗星绕日周期）^2 = 365^2 \times \frac{1}{8}$$

所以：

$$彗星绕日周期 = 365 \times \frac{1}{\sqrt{8}} = \frac{365}{\sqrt{8}}$$

对于前面一节中的问题，我们并不是想计算出彗星的绕日周期，而是想知道，这个彗星从轨道的一端到另一端所用的时间，也就是地球从当前位置坠落到太阳上所用的时间，或者说，地球坠向太阳这个过程会持续多长时间。所以：

$$\frac{365}{\sqrt{8}} \div 2 = \frac{365}{2\sqrt{8}} = \frac{365}{\sqrt{32}} = \frac{365}{5.6}$$

答案是64天。

也就是说，如果地球突然停止公转，那么，两个多月后，它就会跌落在太阳的表面。

事实上，前面提到的比例式适用于任何行星甚至卫星，要知道行星或卫星多长时间才会坠落到它们的中心天体上，只需把这个天体的绕日公转周期除以5.6就可以了。

举个例子，水星是距离太阳最近的行星，它绕太阳一周的时间是88天。通过计算可以得出，如果它坠向太阳，所用的时间是15.5天；而海王星的绕日公转周期大概是地球的165倍，那么，如果它坠向太阳，大概需要29.5年的时间，才会坠落到太阳上；冥王星则需要44年。

同样的方法，我们可以计算出，如果月球突然停止转动，它坠落到地球表面所用的时间大概是5天。实际上，所有跟月球远近差不多的天体，如果只受到地球引力的作用且初速度为零，那么，它坠落到地球表面的时间都是5天左右。当然了，这里我们没有考虑太阳的影响。所以，通过这个公式，我们也可以解答凡尔纳的小说《炮弹奔月记》中提出的"炮弹多长时间才能飞到月球上"这一问题了。

铁砧
从天而降

在古希腊神话中，有这样一个故事：一次，冶炼神赫淮斯托斯不小心将一个铁砧从天上掉下来，9天后，它落到了地面上。根据这个故事，那时候的人们以为，铁砧落到地面上花了9天的时间，这说明众神的居所肯定在非常高的地方。因为即便铁砧从当时最高、最雄伟的金字塔的顶端落下，只需不到5分钟就可以落到地面上，所以，在当时来说，9天简直太不可思议了。

如果这是真的，那古希腊众神的居所跟宇宙比简直太渺小了。

我们知道，月球跌落到地球表面的时间是5天，这比故事中的9天要少一些，所以，我们可以判断出，铁砧所在的位置肯定比月球到地球的距离还要远。我们不妨假设铁砧为地球的一颗卫星，那么，就可以用9天乘以$\sqrt{32}$，于是，可以得出它绕地球运动的周期：$9 \times 5.6 = 51$天。根据开普勒第三定律，得出比例式：

$$\frac{（月球绕地球的周期）^2}{（铁砧绕地球的周期）^2} = \frac{（月球的距离）^3}{（铁砧的距离）^3}$$

代入数据得到：

$$\frac{27.3^2}{51^2} = \frac{380000^3}{（铁砧的距离）^3}$$

所以：

$$\text{铁砧的距离} = \sqrt[3]{\frac{51^2 \times 380000^3}{27.3^2}} = 380000\sqrt[3]{\frac{51^2}{27.3^2}}$$

最后的结果是：580000千米。

也就是说，在古希腊人心中的众神，他们生活的地方距离地球只有580000千米，这个距离差不多是月球到地球距离的1.5倍。所以，我们可以说，在古人意识中所谓的宇宙尽头，只是我们宇宙的起点。

太阳系的边界在哪里

如果我们把彗星轨道的远日点作为太阳系的边界，那么，根据开普勒第三定律，就可以计算出这个边界的具体位置。就以绕日周期最长的彗星为例，它的绕日周期是776年，而近日点距离是1800000千米，假设它的远日点距离是x，则有：

跟地球相比，可以得到下面的比例式：

$$\frac{776^2}{1^2} = \frac{\left[\frac{1}{2}(x+1800000)\right]^3}{150000000^3}$$

可得：

$$x + 1800000 = 2 \times 150000000\sqrt[3]{776^2}$$

则：

$$x = 25330000000 千米$$

可见，这颗彗星的远日点距离是25330000000千米，大概是日地距离的181倍，是冥王星到太阳距离的4.5倍。

纠正凡尔纳小说中的错误

凡尔纳曾经在小说中构想过一颗叫"哈利亚"的彗星，它绕日公转周期是两年。此外还提到，这颗彗星的远日点是82000万千米，但是并没有提到近日点的距离。根据前面一节的数据和开普勒第三定律，我们可以断定，这颗彗星根本不可能存在于太阳系中。

下面，我们不妨来计算一下。假设这颗彗星的近日点距离是x百万千米，那么，它的运行轨道长径就是$x + 820$百万千米，半长径是$(x + 820) \div 2$百万千米。地球到太阳的距离是150百万千米。根据开普勒定律，将它的绕日公转周期和距离与地球相比：

$$\frac{2^2}{1^2} = \frac{(x+820)^3}{2^3 \times 150^3}$$

易得：

$$x = -343$$

这样计算出的近日点距离为负数，显然，这是不可能的。如果一颗彗星的公转周期只有短短的两年，那么，它到太阳的距离不可能像小说中描述的那么远。

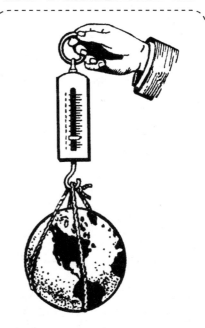

地球的质量也能称出来吗

如图89所示，天文学家可以把地球或者其他天体的质量"称"出来，这一定会让读者觉得诧异。下面，我们先来看看这里所谓的"称量"是什么意思。

我们需要搞清楚，这里所谓的"称"地球到底"称"的是什么。有人说，当然是"地球的质量"。可是，从物理学的角度来说，物体的质量指的是施加在这个物体上的压力；或者说，是这个物体对弹簧秤的拉力。如果把这个理论运用到天体上，比如地球，根本没有物体支撑它，更不可能把地球挂在任何物体上，所以，这里并没有压力或拉力。这么说

图89　天文学家真的可以用秤"称"出地球的质量吗？

来，地球没有"质量"，那天文学家"称"的到底是什么呢？其实，这里指的是地球物质的分量。

举个例子，你在商店买了1千克的白糖，你不会关心这1千克白糖对秤施加的压力或拉力有多大，而是这些糖可以冲出多少糖水。也就是说，你关心的是白糖里面物质的分量。我们知道，相同分量的物质具有相等的质量，而质量跟引力是成正比的，所以，如果我们想衡量物质的分量，可以通过计算地球对这一物质的引力来得出。

下面，我们回到地球的质量这个话题上。如果我们知道了地球的物质的分量，就可以推断出，如果地球被一个物体支撑着，它会对这个物体的表面形成多大的压力。也就是说，我们必须先得出地球物质的分量，才能讨论它的质量。

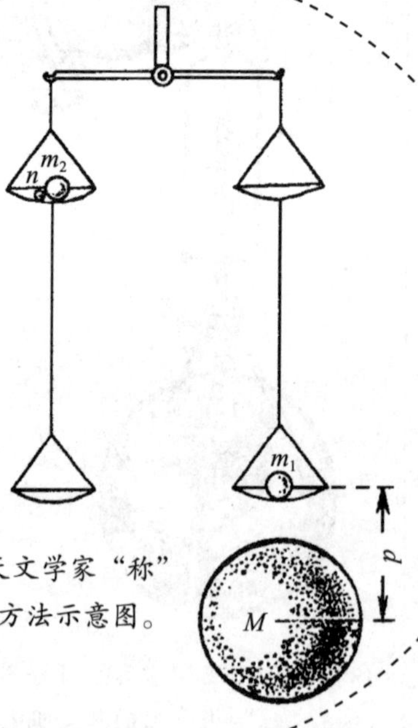

1871年，乔里提出了一种方法。如 图90 所示，在这个非常灵敏的天平两端分别悬挂上下两个盘子，盘子的质量忽略不计，上下两个盘子的距离是20~25米。

在右边下面的盘子里放入一个质量为 m_1 的球体，为使天平保持平衡，在左上角的盘子中放一个质量为 m_2 的物体，不过，$m_1 \neq m_2$。这是因为，如果两个物体的质量相等，那么，它

图90 天文学家"称"地球的方法示意图。

们在不同高度就会受到不相等的地球引力。这时，我们再在右下方的盘子里放一个质量为 M 的铅球，这时，天平的平衡会被破坏。根据万有引力定律，球体 m_1 会受到铅球 M 的引力 F，而且，引力 F 跟它们的质量成正比，跟它们的距离 d 的平方成反比，即：

$$F = k\frac{Mm_1}{d^2}$$

其中，k 为引力常数。

为了让天平恢复到一开始的平衡状态，我们必须在左上方的盘子里放一个质量为 n 的小物体。这时，物体 n 对秤的压力等于它自身的质量，也就是说，和地球整体质量吸引这个小重物的引力 F' 相等，便有：

$$F' = k\frac{nM_e}{R^2}$$

其中，F' 为地球对物体 n 的引力，M_e 为地球的质量，R 为地球的半径。

但是，由于铅球对左上方盘子里的物体影响非常小，可以舍掉，于是，我们得到下面的等式：

$$F = F' \text{ 或者} \frac{Mm_1}{d^2} = \frac{nM_e}{R^2}$$

在这个式子中，只有地球质量 M_e 是未知的，其他的数据我们都可以通过测量的方法得到。于是，我们就可以得出：$M_e = 6.15 \times 10^{27}$ 克。这个数据是通过实验测量出的。其实，我们还可以通过其他方法得出地球的质量，比较准确的结果大概是 5.974×10^{27} 克，也就是大约 6×10^{21} 吨，这个数据的误差不到 0.1%。

现在，我们知道天文学家是如何计算地球的质量的了。这里我们说的是"称量"，表面上看似乎不是很恰当，实际上，它有一定的道

理。因为，我们在用天平称量物体的时候，测定的并不是物体的重量，或者说地球对这个物体的引力，而是使物体的质量等于砝码的质量，从而测量出质量。

地球的核心

在一些科普书籍或文章中，我们经常看到一些错误的描述：只要测定出每立方厘米地球的平均质量（地球的比重），再用几何学原理计算出地球的体积，把比重跟体积相乘，就可以得出地球的质量。对于这个说法，为什么说是错误的呢？这是因为，对于地球来说，它大部分物质到底是什么我们并不知道，所以，根本不可能得出地球的真实比重，我们得到的只是较薄的地壳最外层的比重。现在，我们在地壳上可以探测到的矿物深度仅限于25千米以内，通过计算，我们可以得出，这些部分只占了地球全部体积的$\frac{1}{85}$。

实际上，上面提到的计算步骤正好跟正确算法颠倒了。我们应该先确定出地球的质量，然后，通过这一数值得出地球的平均密度。现在我们知道，地球的平均密度大概是5.5克/立方厘米，这比地壳的平均密度大多了，也就是说，地球的核心是一些高密度的物质。

算算太阳和月球的质量

有一个奇怪的现象，虽然太阳比月球距离我们更遥远，但我们可以很容易地得出太阳的质量，要想得出月球的质量，则需要花一番工夫。

那么，太阳的质量如何计算呢？我们知道，质量为1克的物体对1厘米外另一物体的引力是 $\dfrac{1}{15000000}$ 毫克。根据万有引力定律，如果这两个物体的质量分别是 M 和 m，它们的距离是 D，那么，它们之间的引力 f 为：

$$f = \frac{1}{15000000} \times \frac{Mm}{D^2}$$

如果把上式中的 M 用太阳的质量代替，m 用地球的质量代替，D 用日地距离150000000千米代替，则可以计算出太阳与地球之间的引力是：

$$\frac{1}{15000000} \times \frac{Mm}{15000000000000^2} \text{毫克}$$

其实，这个引力也是地球沿绕日轨道运行时的向心力。根据力学公式，我们知道，向心力为 $\dfrac{mv^2}{D}$（单位：毫克），其中，m 为地球的质量（单位：克），v 为地球的公转速度，等于30千米/秒（也表示为3000000厘米/秒），D 为日地之间的距离。所以有：

$$\frac{1}{15000000} \times \frac{Mm}{D^2} = m \times \frac{3000000^2}{D}$$

解得:

$$M = 2 \times 10^{33} 克 = 2 \times 10^{27} 吨$$

用这个数字除以地球的质量得:

$$\frac{2 \times 10^{27}}{6 \times 10^{21}} = 330000$$

此外，根据开普勒第三定律和万有引力原理，我们可以得出下面的公式:

$$\frac{M_s + m_1}{M_s + m_2} = \frac{T_1^2}{T^2} = \frac{a_1^3}{a_2^3}$$

其中，M_s 为太阳的质量，T 为行星的恒星周期（这里的恒星周期指的是站在太阳上看到的行星围绕太阳旋转一周所用的时间），a 为行星到太阳的平均距离，m 为行星的质量。如果把这一公式运用到地球和月球上，则有:

$$\frac{M_s + m_e}{M_e + m_m} = \frac{T_e^2}{T_m^2} = \frac{a_e^3}{a_m^3}$$

把 a_e, a_m, T_e, T_m 的值代入上式。为便于计算，我们可以把分子中比太阳质量小得多的地球质量和分母中比地球质量小得多的月球质量忽略不计，从而得出一个近似值，即:

$$\frac{M_s}{M_e} = 330000$$

地球的质量是已知的，所以，我们可以计算出太阳的质量，大概是地球的330000倍。然后，用太阳的质量除以它的体积，就可以得出太阳的平均密度，大概是地球的1/4。

可见，测定太阳的质量是比较容易的。但是，如果想测定月球的质量，就不那么容易了。有位天文学家说过这样的话："虽然月球是离地球最近的星体，但是，要想测出它的质量，比最远的海王星要困难多了。"这是因为，测定月球的质量需要通过非常复杂的方法才行，其中一种方法是通过比较月球和太阳引起的潮汐高低来进行。

这个方法的原理是：潮汐的高度跟引起这一现象的天体质量和距离有关。太阳的质量和距离以及月球的距离都是已知的，于是，我们就可以通过比较二者的高度来推算出月球的质量。在后面的章节中，我们会提到具体的算法，这里先给出结果：月球的质量大概是地球的 $\frac{1}{81}$，如  所示。

月球的半径也是已知的，我们可以计算出月球的体积，大概是地球的 $\frac{1}{49}$。所以，月球跟地球的平均密度之比就是：

$$\frac{49}{81} = 0.6$$

可以看出，跟构成地球的物质比起来，构成月球的物质疏松多了，但如果跟太阳比，则紧密得多。事实上，月球的平均密度比很多行星都要大。

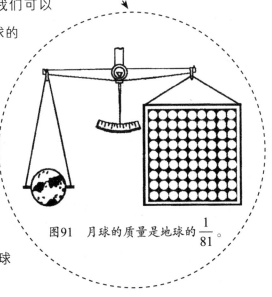

图91　月球的质量是地球的 $\frac{1}{81}$。

计算行星的质量与密度

任何一颗行星，只要它有卫星，我们就可以"称"出它的质量。

只要知道卫星绕行星运动的速度v和它们之间的距离D，就可以利用向心力$\dfrac{mv^2}{D}$等于行星和卫星之间的引力$\dfrac{kmM}{D^2}$这一关系来进行计算，即：

$$\frac{mv^2}{D} = \frac{kmM}{D^2}$$

可得出：

$$M = \frac{Dv^2}{k}$$

其中，k为质量为1克的物体对1厘米外另一个1克物体的引力，m为卫星的质量，M为行星的质量。

这样就可以很容易得出行星的质量M。

此处也可使用根据开普勒第三定律来计算：

$$\frac{(M_s + M_{行星})}{M_{行星} + m_{卫星}} = \frac{T^2{}_{行星}}{T^2{}_{卫星}} = \frac{a^3{}_{行星}}{a^3{}_{卫星}}$$

对于括号中的一些数据，可以忽略不计，就可以得出太阳与这颗行星质量的比值$\dfrac{M_s}{M_{行星}}$。

其中，太阳的质量是已知的，所以行星的质量也就可以计算出来了。

如果是双星，也可以用这个方法来计算，不过，最后得出的质量是双星的质量之和，而不是各个星的质量。但是，如果这颗行星没有卫星，计算这颗行星的质量就像计算卫星的质量一样，方法就要复杂多了。

例如，我们想计算水星和金星的质量，唯一的办法就是通过它们对地球的作用，或者对某些彗星的干扰作用，或者它们之间的相互作用来计算。

一般来说，小行星的质量都很小，所以，它们相互间的干扰也很少，这就使我们在测定小行星的质量时感觉无从下手，唯一可以测定的是这些小行星的质量之和，而且得出的只是一个不确定值。

在已知行星质量与体积的情况下，可以很容易计算出它们的平均密度。在下表中，我们列出了一些行星的相应数据（地球的密度=1）。

行星	密度	行星	密度
水星	5.43	木星	0.24
金星	0.92	土星	0.13
地球	1.00	天王星	0.23
火星	0.74	海王星	0.22

从这个表中，我们可以看到，地球的密度是太阳系中除了水星之外的其余行星中最大的。为什么那些大行星的平均密度反而很小呢？这里面的原因很复杂，不过，最有可能的原因是，在它们坚硬的核外包裹着一层质量很轻的大气，正是这些质量很轻的大气使行星的体积变得非常大。

月球上和行星上的重力变化

有的读者可能会产生这样的疑问：我们并没有在月球和其他行星上的生活体验，那我们是如何知道它们上面有没有重力的呢？其实，道理很简单，只要知道这个天体的半径以及质量，我们就可以很容易地计算出物体在这个天体上受到的重力有多大。

仍以月球为例。在前文中，我们说过，月球的质量是地球的 $\frac{1}{81}$。根据牛顿定律，在讨论万有引力时，我们通常把球体的质量集中在球心来分析。对于地球而言，从地球中心到地表的距离就是地球的半径，月球也是一样，而月球的半径是地球的 $\frac{27}{100}$，所以，月球上引力（物体的重力）相当于地球上的：

$$\frac{100^2}{27^2 \times 81} \approx \frac{1}{6}$$

换句话说，如果一个物体在地球上的质量为1千克，那么，到了月球上，它的质量就只有 $\frac{1}{6}$ 千克了，不过，这个变化并不大，我们只能通过弹簧秤测量才能看出变化。

这里还有一个有趣的现象，要是月球上有水，那么，在月球游泳的时候，跟地球上的感觉将是一样的，这是为什么呢？因为人的体重在月球上会减少到原来的 $\frac{1}{6}$，他在游泳的时候会排开一些水，这些水的质量也会减少到原来的 $\frac{1}{6}$。所以，如果在月球上潜水，也会跟在地球上一样，感觉困难。不过，如果浮到水面上，在月球上的感觉就会非常轻松，因为我们的体重变轻了，这时不需要费力气，身体就可以轻松地漂起来。

在下表中，我们列出了同一物体在地球与各行星上的重力大小（地球重力=1）。

可见，在这个排行榜上，地球位于第四位，排在它前面的是木星、海王星和土星，如图92所示。

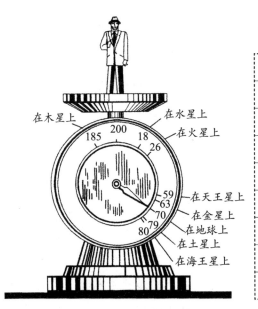

行星	重力
水星	0.26
金星	0.90
地球	1.00
火星	0.37
木星	2.64
土星	1.13
天王星	0.84
海王星	1.14

图92 同一个人在不同行星上的重量并不相同，在水星上最轻，在木星上最重。

想不到的天体表面重力

在第四章中，我们讨论过矮星型的天狼*B*星的一些特征。虽然它的半径很小，但有非常大的质量，所以，它表面的重力作用也非常大。除了这颗白矮星外，还有一颗仙后座的白矮星，它的质量大概是太阳的2.8倍，而半径只有地球的1/2，可以计算出这颗星表面上的重力是地球上的 $2.8 \times 330000 \times 2^2 = 3700000$ 倍。

在地球上，1立方厘米水的重量是1克，但是，如果放在这颗星上，它的重量是3.7吨！构成这颗星的物质的平均密度也非常大，大概是水的36000000倍，也就是说，1立方厘米的这种物质，在这颗星表面上的质量是：

$$3700000 \times 36000000 = 133200000000000 克$$

这是我们无论如何也想象不到的事情！

行星深处的重力变化

如果可能的话，我们把一个物体放到一颗行星内部的最深处，那么，这个物体的重量会发生什么变化？

有的读者可能会不假思索地说：当然变重了，因为这个物体距离行星的中心更近。但这个答案并不正确。实际上，情况正好相反，越到行星的内部，物体所受到的引力不是越大，而是越小。下面，我们就来分析一下。

力学定理和相关计算可以证明，如果把一个物体放在均匀的空心球里，它将不受任何引力的作用，如 图93 所示。同样的道理，如果我们以这个物体到实心球中心的距离为半径、以实心球的中心为圆点画一个球体，那么，这个物体将只受到来自画出的球体中物质的引力，如 图94 所示。

根据上面的分析，我们可以得出一条规律：物体的质量会随着它到行星中心的距离变化而变化。假设行星的半径是 R，物体到行星中心的距离为 r，如 图95 所示。这时物体会

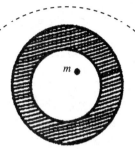

图93　将一个物体放在一个均匀的空心球里，这个物体不受空心球的引力作用。

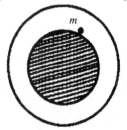

图94　放入实心球内部的物体所受到的引力，跟图中阴影部分的物质有关。

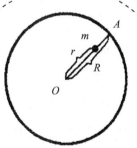

图95　物体的质量会随着它与行星中心的距离变化而变化。

受到两方面的引力：一方面是由于距离缩短使引力变大，将增加到原来的 $\left(\dfrac{R}{r}\right)^2$ 倍；另一方面是由于发挥作用的物质变少使引力变小，将减少到原来的 $\left(\dfrac{R}{r}\right)^3$。也就是说，物体受到的总引力是：

$$\left(\dfrac{R}{r}\right)^3 \div \left(\dfrac{R}{r}\right)^2 = \dfrac{r}{R}$$

从这个公式可以看出，物体在行星里面的质量与其在行星表面的质量之比，等于物体到行星中心的距离与行星的半径之比。如果这颗行星的大小跟地球差不多，半径也是6400千米，那么，在它里面3200千米的地方，物体的质量将变成原来的1/2；如果物体在行星里面5600千米处，它的质量将变为原来的1/8。

另外，我们还可以得出下面的结论：在行星的中心处，物体的质量将变为0，这是因为：

$$(6400 - 6400) \div 6400 = 0$$

事实上，这一点完全可以通过推理得出。如果物体位于行星的内部，它将同时受到四面八方的引力作用，这些引力由于相互抵消而使得物体的质量也消失了。

需要指出的是，刚才的推理只适用于密度均匀的行星，因为密度均匀是一种理想状态。对于实际中的行星，需要对这个推理进行一些修正。比如地球，它深处的密度比地表的密度大多了，所以，物体所受到的引力随距离变化的规律跟刚才所讲的有所不同。如果物体在距离地面较浅的部分，它所受到的引力将随深度的增加而变大，但是，如果到了地球的深处，这个引力又会越来越小。

【题目】同一艘轮船，在有月亮的夜晚轻一些，还是在无月亮的夜晚轻一些？

【解答】有的读者可能会说，在有月亮的夜晚，

轮船质量发生了什么变化

轮船会受到月球引力的作用，这时候会轻一些。其实，这个问题并非这么简单，虽然轮船会受到月球引力的作用，但同时，地球也会受到同样的引力作用。在月球引力的作用下，地球上所有物体的运动速度都是相同的，加速度也相同，所以，从这一点上来说，我们根本无法确定轮船的重量有没有减轻。不过，有人做了实际的测量，结果发现，轮船确实会在有月亮的夜晚轻一些。这是为什么呢？

在图96中，点O为地球的中心，A和B都是轮船，A、B连线过点O，也就是说，它们正好在地球直径的两端，r为地球的半径，D为从

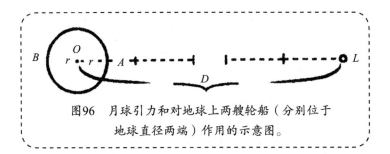

图96 月球引力和对地球上两艘轮船（分别位于地球直径两端）作用的示意图。

月球中心L到地球中心O的距离。M为月球的质量，m为轮船的质量。

为便于计算，我们假设A、B和月球在同一条直线上，也就是说，月球在A处的天顶，在B处的天底。所以，月球对A的引力（也就是有月亮的夜晚轮船受到的月球引力）为：

$$\frac{kMm}{(D-r)^2}$$

其中，$k = \frac{1}{15000000}$毫克。

月球对B的引力（也就是无月亮的夜晚轮船所受到的引力）为：

$$\frac{kMm}{(D+r)^2}$$

这两个引力的差可以通过两式相减得：

$$kMm \times \frac{4r}{D^3\left[1-\left(\frac{r}{D}\right)^2\right]^2}$$

由于$\left(\frac{r}{D}\right)^2 = \left(\frac{1}{60}\right)^2$很小，可以忽略不计，所以，上式变为：

$$kMm \times \frac{4r}{D^3}$$

整理得：

$$\frac{kMm}{D^2} \times \frac{4r}{D} = \frac{kMm}{D^2} \times \frac{1}{15}$$

显然，$\frac{kMm}{D^2}$就是轮船跟月球中心距离为D时受到的月球引力大小。

又由于质量为m的轮船在月球表面的重量应该为$\frac{m}{6}$，所以，在距离地球D处，其质量为$\dfrac{m}{6D^2}$，而D=220个月球半径，于是有：

$$\frac{kMm}{D^2}=\frac{m}{6\times220^2}\approx\frac{m}{300000}$$

引力差是：

$$\frac{kMm}{D^2}\times\frac{1}{15}\approx\frac{m}{300000}\times\frac{1}{15}=\frac{m}{4500000}$$

如果这艘轮船的质量是45000吨，那么，在有月亮和没有月亮的夜晚，它们的质量差是：

$$\frac{45000000}{4500000}=10千克$$

综上所述，在有月亮的夜晚，轮船的质量确实比没有月亮时轻一些，不过这个差别非常小。

月球、太阳和潮汐

我们在前面提到过，地球上的潮汐跟太阳和月球的引力有关，不过，事情远没有这么简单。我们说过，月球在吸引地面上的物体的同时，也会以同样的引力吸引地球。跟地球中心相比，地球朝向月球那面上的水距离月球更近一些罢了。在前面一节中，我们计算出了轮船受到的引力之差，同理，我们也可以把地面上的水受到的引力差计算出来。也就

是说，在朝向月球的那一面上，每千克水受到的月球引力是每千克地

心构成物质的 $\dfrac{2kMr}{D^2}$ 倍，在背向月球的那一面上，每千克水受到的引力

是每千克地心构成物质的 $\dfrac{1}{\dfrac{2kMr}{D^2}}$ 倍。

由于引力的差距，因而这两个地方的水产生了移动，前者是因为水向月球移动的距离比地球固体部分向月球移动的距离大，后者的情况恰恰相反。

那么，太阳引力对地球表面的水有没有影响呢？答案是肯定的。但是，到底是太阳的引力作用大还是月球的引力作用大呢？如果比较绝对引力的话，当然是太阳的大。因为太阳的质量是地球的330000

倍，而月球的质量只有地球的 $\dfrac{1}{81}$。也就是说，太阳的质量是月球的

330000×81倍，而地球到太阳的距离大概是地球半径的23400倍，地球到月球的距离只有地球半径的60倍。于是，我们可以得出，地球受到的太阳引力跟它受到的月球引力之比为：

$$\frac{330000\times 81}{23400^2} \div \frac{1}{60^2} \approx 170$$

可见，地球上的物体所受到的太阳引力比它受到的月球引力大多了，前者是后者的170倍。因此人们会想当然地以为，太阳引起的潮汐肯定比月球引起的潮汐大。事实上，情况正好相反，太阳引起的潮汐比月球引起的潮汐低多了。关于这一点，我们可以通过公式 $\dfrac{2kMr}{D^3}$ 得

出。假设太阳的质量为 M_s，月球的质量为 M_m，太阳到地球的距离为 D_s，月球到地球的距离为 D_m，那么，太阳和月球对于潮汐的吸引力之比就是：

$$\frac{2kM_s r}{D_s^3} \div \frac{2kM_m r}{D_m^3} = \frac{M_s}{M_m} \times \frac{D_m^3}{D_s^3}$$

前面提到，太阳的质量是月球的26730000倍，而日地距离是月地的400倍，所以：

$$\frac{M_s}{M_m} \times \frac{D_m^3}{D_s^3} = 330000 \times 81 \times \frac{1}{400^3} = 0.42$$

也就是说，日潮的高度只有月潮的 $\frac{2}{5}$。从太阳和月亮引起的潮汐高度上，我们可以计算出月球的质量，不过，这个结果有一定的误差。

有一点需要注意，我们不可能同时比较出这两种潮汐的高度，这是因为，太阳和月球的引力是同时作用在地球上的，同样，我们也不可能分别观察到这两种潮汐。不过，我们可以在两者的作用相互叠加和相互抵消的时候分别进行测量，进而计算出潮水的高度。当太阳、月球和地球在一条直线上时，二者的作用是相互叠加的，而在日地连线垂直于地月连线时，二者的作用相互抵消。通过测量，人们发现，后者跟前者之比大概为0.42。假设月球对潮水的引力为x，太阳对潮水的引力为y，那么：

$$\frac{x+y}{x-y} = \frac{100}{42}$$

得到：

$$\frac{x}{y} = \frac{71}{29}$$

根据前面提到的公式得：

$$\frac{M_s}{M_m} \times \frac{D_m^{\,3}}{D_s^{\,3}} = \frac{29}{71}$$

即：

$$\frac{M_s}{M_m} \times \frac{1}{64000000} = \frac{29}{71}$$

把太阳的质量 $M_s = 330000 M_e$ 代入，其中，M_e 为地球的质量，则有：

$$\frac{M_e}{M_m} = 80$$

从这个式子我们还可以看出，月球的质量是地球的 $\frac{1}{80}$。不过，这一数值并不精确，科学家们通过其他更精确的方法，计算出的结果是：月球的质量是地球的1.23%。

月球会影响气候吗

不知道大家是否想过这样的问题：既然月球引力作用于地表上的水可以形成潮汐，那么，这一引力是否也会对地球上空的大气产生影响，进而影响我们的气候呢？答案是肯定的。我们称后者为大气潮汐。最早发现这一现象的是俄国的科学家罗蒙诺索夫，并把这一现象称为"空气的波"。关于这个问题，很多科学家曾经研究过，不过，分歧也比较大。很多人认为，大气的质量非常轻，而且流动性很强，所以，月球引力对大气的作用肯定很明显，这种"空气的波"不仅可能改变大气压力，而且对地球上的气候产生决定性的作用。

实际上，这一观点是错误的。从理论上来说，大气潮汐肯定比水的潮汐弱得多。既然如此，对于最底层的空气来说，它们的最大密度只有水的 $\frac{1}{1000}$，为什么空气潮汐高度却不是水的潮汐的1000倍？这个问题，如同质量不同的物体在真空中下落速度相同，一样让人觉得奇怪。例如，在真空玻璃管中，同时落下一个小铅球和一根羽毛，可以看到，它们的下落速度完全一致。这里所说的潮汐，也可以理解为在真空宇宙空间中，地球及其表面的水在月球或者太阳的引力作用下进行坠落。所以，不管它们的质量轻重，坠落的速度都是相同的，在万有引力的作用下，它们的位移也一样。

这样我们应当明白，大气潮汐的高度与大洋潮汐是相等的。实际上，细心的读者可能已经发现了，在公式中，并没有关于水的密度或者深度的变量，只有月球和地球的质量、地球的半径，以及地球到月球的距离。所以，如果把这个公式应用于大气，得出的结果是一样的，潮汐高度是相等的。实际上，大洋潮汐的高度并不大，从理论上来说，这一高度不会超过0.5米。只有在靠近陆地的一些地方，在地形阻力的影响下，潮水才有可能达到10米以上。现在，人们已经可以通过太阳和月球的位置来判断潮水的高度，并且发明了相应的预测装置。

不过，在大气潮汐中，这一理论高度——0.5米却不会受到其他因素的影响。这么小的高度对气压产生的影响完全可以忽略不计。

　　法国科学家拉普拉斯对这一问题进行了研究，并且证明，大气潮汐对气压产生的影响非常小，不会超过0.6毫米汞柱，所引起的风速不会超过7.5厘米/秒。

　　所以说，大气潮汐不会从根本上对气候产生影响。至于那些根据月亮的位置来预测气候的说法，完全没必要相信。

感　谢

　　在本书的翻译过程中，得到了项静、尹万学、周海燕、项贤顺、张智萍、尹万福、杜义的帮助与支持，在此一并表示感谢。